"十四五"职业教育国家规划教材
(中等职业学校公共基础课程教材)

信息技术

基础模块

(WPS Office)(下册)

(修订版)

高等教育出版社 教材发展研究所 组编

高等教育出版社·北京

主　　编　徐维祥

其他编者　王　健　陈建军　魏茂林　张　巍　段　红
　　　　　张建文　马开颜　孙　军　姜志强　汪双顶

总 策 划　贾瑞武

图书在版编目（CIP）数据

信息技术基础模块：WPS Office. 下册／高等教育出版社教材发展研究所组编. ——修订版. ——北京：高等教育出版社，2023.7（2024.2重印）

ISBN 978-7-04-060475-7

Ⅰ.①信… Ⅱ.①高… Ⅲ.①电子计算机–中等专业学校–教材　Ⅳ.①TP3

中国国家版本馆CIP数据核字(2023)第079684号

信息技术　基础模块（WPS Office）
XINXI JISHU
JICHU MOKUAI (WPS Office)

策划编辑	陈　红　韦晓阳	出版发行	高等教育出版社
责任编辑	陈　莉　赵美琪	社　　址	北京市西城区德外大街4号
封面设计	贺雅馨	邮政编码	100120
版式设计	徐艳妮	印　　刷	三河市春园印刷有限公司
插图绘制	邓　超	开　　本	880 mm×1240 mm　1/16
责任校对	刘娟娟	印　　张	13.25
责任印制	赵义民	字　　数	270千字
		购书热线	010-58581118
		咨询电话	400-810-0598
本书如有缺页、倒页、脱页等质量问题，请到所购图书销售部门联系调换		网　　址	http://www.hep.edu.cn
			http://www.hep.com.cn
版权所有　侵权必究		网上订购	http://www.hepmall.com.cn
物料号　60475-00			http://www.hepmall.com
			http://www.hepmall.cn
		版　　次	2022年8月第1版
			2023年7月第2版
		印　　次	2024年2月第4次印刷
		定　　价	28.40元

出 版 说 明

为贯彻党的二十大精神，落实《中华人民共和国职业教育法》规定，深化职业教育"三教"改革，全面提高技术技能型人才培养质量，按照《职业院校教材管理办法》《中等职业学校公共基础课程方案》和有关课程标准的要求，在国家教材委员会的统筹领导下，根据教育部职业教育与成人教育司安排，教育部职业教育发展中心组织有关出版单位完成对数学、英语、信息技术、体育与健康、艺术、物理、化学7门公共基础课程国家规划新教材修订工作，修订教材经专家委员会审核通过，统一标注"十四五"职业教育国家规划教材（中等职业学校公共基础课程教材）。

修订教材根据教育部发布的中等职业学校公共基础课程标准和国家新要求编写，全面落实立德树人根本任务，突显职业教育类型特征，遵循技术技能人才成长规律和学生身心发展规律，聚焦核心素养、注重德技并修，在教材结构、教材内容、教学方法、呈现形式、配套资源等方面进行了有益探索，旨在推动中等职业教育向就业和升学并重转变，打牢中等职业学校学生的科学文化基础，提升学生的综合素质和终身学习能力，提高技术技能人才培养质量，巩固中等职业教育在职业教育体系中的基础地位。

各地要指导区域内中等职业学校开齐开足开好公共基础课程，认真贯彻实施《职业院校教材管理办法》，确保选用本次审核通过的国家规划修订教材。如使用过程中发现问题请及时反馈给出版单位，以推动编写、出版单位精益求精，不断提高教材质量。

中等职业学校公共基础课程
教材建设专家委员会
2023年6月

本书配套数字化教学资源的获取与使用

 Abook 资源

本书配套电子教案、演示文稿、教学视频、教学素材、习题答案等辅教辅学资源，请登录高等教育出版社 Abook 新形态教材网（http://abook.hep.com.cn）获取相关资源。详细使用方法见本书最后一页"郑重声明"下方的"学习卡账号使用说明"。

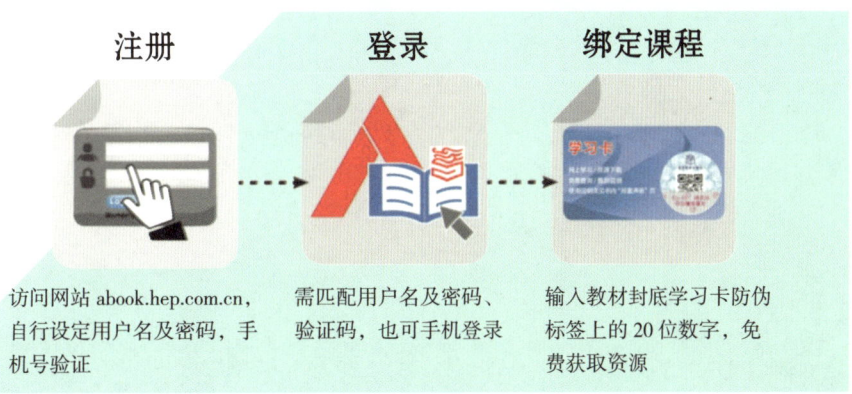

智慧职教在线开放课程

本书配套在线开放课程"信息技术"，由教材编者团队、各地教研部门联合设计、制作。课程精心设计，讲授精彩专业，教学活动丰富全面。登录"智慧职教"平台，进入 MOOC 学院，在首页搜索框中搜索"信息技术（上）""信息技术（下）"，加入课程参加学习，即可浏览课程资源。

信息技术（上）

信息技术（下）

扫描加入课程

前 言

当前，信息技术的发展日新月异，日益融入经济社会发展各领域全过程，给人类的生产生活带来广泛而深刻的影响。党和国家高度重视信息技术带来的机遇和挑战，党的二十大报告中提出"建设现代化产业体系"，要"加快建设制造强国、质量强国、航天强国、交通强国、网络强国、数字中国""构建新一代信息技术、人工智能、生物技术、新能源、新材料、高端装备、绿色环保等一批新的增长引擎"。信息技术对2035年我国"实现高水平科技自立自强、进入创新型国家前列"和"基本实现新型工业化、信息化、城镇化、农业现代化"等目标，起着重要的作用。

中等职业学校信息技术课程是各专业学生必修的公共基础课程，是培养学生信息素养和能力的基本途径。通过增强学生的信息意识，发展计算思维，提高数字化学习与创新能力，树立正确的信息社会价值观和责任感，形成符合时代要求的信息素养与适应职业发展需要的信息能力，对个人、社会和国家发展具有重大意义。《信息技术》全套教材包括基础模块（上、下册）和拓展模块（办公应用、硬件与网络等分册），依据《中等职业学校信息技术课程标准》（2020年版）（以下简称"课程标准"）编写，是中等职业学校公共基础课程"十四五"职业教育国家规划教材。

一、基础模块教材特点

1. 落实课程思政，强化育人导向

教材围绕爱国、创新、求实、奉献、自立自强等具有信息技术学科特色的思政元素，以案例为载体，用数据说话，摆事实讲道理，形成融知识、能力、课程思政于一体的内容体系。通过一系列实践活动，弘扬社会主义核心价值观，社会主义先进文化、革命文化和中华优秀传统文化，劳模精神、劳动精神和工匠精神等，在培养学生信息技术核心素养的过程中实现价值引领。例如，介绍了超级计算机、量子信息等我国基础研究和原始创新中取得的成就；以智能工厂、智能驾驶等为例，介绍信息技术在建设制造强国中的重要作用；设置了"数字中国建设整体布局规划""'天宫课堂'背后的功臣——天链卫星"等阅读材料；采用"中国航天筑梦苍穹"文档、"网络扶贫的参与度和认可

度"表格等,作为学习软件操作技能的案例载体;加强了信息安全关乎国家安全的内容介绍。

2. 体现核心素养,突出职教特色

教材根据信息技术课程学科核心素养的要求,适当减少软件操作技能,淡化软件具体版本,增加人工智能、大数据等前沿知识,选取贴近学生生活和职业场景的任务与案例,每个任务围绕"实践体验",其前设置必备基础知识,其后设置"讨论与交流""探究与合作"等环节,并通过"巩固提高""拓展阅读"强化知识的应用,体现"做中学、做中教"。每个单元开篇还设置"小剧场",通过漫画、动画方式,创设学习情境,使课堂"动起来,活起来"。

3. 以学生为中心,注重教学适用性

教材遵循职业教育教学规律,贴近中职学生认知心理和学习习惯,体例编排与课程特点和教学模式相适应,内容组织循序渐进、深入浅出,将具有一定学科难度的抽象问题具体化、复杂问题生活化。精心设计教材版式,兼顾科学性与艺术性,提升了学生的学习兴趣和阅读体验。

二、教材使用建议

教材为教师进行教学设计提供支撑,教师应创新性地使用教材。本套教材包括线下的主教材、学习辅导与练习、教学参考书,线上的教学课件、示教视频、教学动画、数字课程、测评系统等,以促进传统课堂的信息化变革,满足教师和学生的多样化教学需求。教师在使用本套教材过程中应适当补充相关的信息技术新发展和新应用,并结合地方产业特点、学校实际教学环境和学生具体专业,参照教材提供的学习情境和相关栏目,进一步引入贴近学生生活和专业需求的应用案例。

教师可基于教材丰富完善课程导入、自学展示、讲解示范、实践体验、归纳分析、探究与合作等环节,引导学生积极思考、主动探究、学会学习。例如,在第1、7、8单元,教师可结合新一代信息技术、大数据、人工智能等在经济社会中的应用,引导学生通过感知、思考、讨论等方式,进行合作探究,培养学生的探索精神和创新能力;在第2~6单元中,教师可通过项目和任务驱动方式,引导学生掌握提出问题、分析问题和解决问题的方法,帮助学生更好地了解信息技术的实际应用,在实践体验中提升信息技术核心素养。

依据课程标准的要求，基础模块教材分为上、下两册，学时分配建议如下：

	教学内容	建议学时
上册	第1单元 探索信息技术——信息技术应用基础	16
	第2单元 神奇的e空间——网络应用	16
	第3单元 文档创意与制作——图文编辑	20
下册	第4单元 用数据说话——数据处理	18
	第5单元 感受程序魅力——程序设计入门	12
	第6单元 创造动感体验——数字媒体技术应用	16
	第7单元 构筑信息社会"防火墙"——信息安全基础	6
	第8单元 未来世界早体验——人工智能初步	4
	合计	108

《信息技术》全套教材由高等教育出版社教材发展研究所组织编写，编写团队由课程标准的主要执笔人、计算机学科领域的知名专家、具有丰富职业教育教研与教学经验的课程专家、中职教学一线的特级教师和信息技术领域的行业企业专家组成，确保教材的科学性、职业性、适用性和先进性。教材具体编写分工如下：徐维祥主编并统稿，王健编写第1单元，陈建军编写第2、4单元，魏茂林编写第3单元，张巍编写第5单元，段红编写第6单元，张建文编写第7单元，马开颜编写第8单元。教材在编写过程中得到了孙军、姜志强、汪双顶等行业企业专家和工程技术人员的大力支持，他们全程参与编写工作，对教材融入行业发展与技术动态，遴选案例等进行指导，在此深表感谢。

由于编者水平有限，难免存在不足与疏漏，恳请广大教师、学生提出宝贵意见，我们将不断修订，使本书日趋完善。读者意见反馈邮箱：zz_dzyj@pub.hep.cn。

编者

2023年6月

目 录

第 4 单元　用数据说话——数据处理

4.1 **采集数据** / 3
　　任务 1　输入数据 / 3
　　任务 2　导入数据 / 7
　　任务 3　格式化数据 / 11

4.2 **加工数据** / 17
　　任务 1　使用公式和函数 / 17
　　任务 2　使用排序 / 23
　　任务 3　使用筛选 / 25
　　任务 4　使用分类汇总 / 29

4.3 **分析数据** / 32
　　任务 1　使用图表 / 33
　　任务 2　使用数据透视表和透视图 / 37

4.4 **初识大数据** / 43
　　任务　了解大数据 / 43

单元小结 / 49

单元测试 / 49

第 5 单元　感受程序魅力——程序设计入门

5.1 **初识程序设计** / 55
　　任务 1　认识算法 / 55
　　任务 2　使用程序设计语言 / 58

5.2 **设计简单程序** / 66
　　任务 1　使用选择结构 / 67
　　任务 2　使用循环结构 / 73

　　任务 3　使用函数 / 77

5.3 **运用典型算法** / 80
　　任务 1　运用排序算法 / 81
　　任务 2　运用查找算法 / 87

单元小结 / 93

单元测试 / 93

第6单元 创造动感体验——数字媒体技术应用

- **6.1 感知数字媒体技术** / 99
  - 任务1 体验数字媒体技术 / 99
  - 任务2 了解数字媒体技术原理 / 105
- **6.2 制作简单数字媒体作品** / 110
  - 任务1 加工处理图像 / 110
  - 任务2 制作动画作品 / 115
  - 任务3 制作短视频作品 / 118
- **6.3 设计演示文稿作品** / 123
  - 任务1 构思演示文稿作品 / 123
  - 任务2 制作基础版演示文稿 / 127
  - 任务3 制作进阶版演示文稿 / 132
- **6.4 初识虚拟现实与增强现实** / 139
  - 任务1 了解虚拟现实技术 / 139
  - 任务2 了解增强现实技术 / 144

单元小结 / 147

单元测试 / 147

第7单元 构筑信息社会"防火墙"——信息安全基础

- **7.1 了解信息安全常识** / 153
  - 任务1 初识信息安全 / 153
  - 任务2 识别信息系统安全风险 / 156
  - 任务3 应对信息安全风险 / 160
- **7.2 防范信息系统恶意攻击** / 163
  - 任务1 辨别常见的恶意攻击 / 163
  - 任务2 掌握常用信息安全技术 / 167
  - 任务3 安全使用信息系统 / 172

单元小结 / 177

单元测试 / 177

第8单元 未来世界早体验——人工智能初步

- **8.1 初识人工智能** / 181
  - 任务1 揭开人工智能面纱 / 181
  - 任务2 体验人工智能应用 / 184
- **8.2 探寻机器人** / 189
  - 任务1 走近机器人 / 189
  - 任务2 畅想未来世界 / 193

单元小结 / 196

单元测试 / 197

第 4 单元

用数据说话
——数据处理

在大数据时代，掌握数据处理和分析技能，可以提升每一位职场人的工作能力和职场竞争力。在日常学习、工作和生活中，每时每刻都在产生各种各样的数据，如销售数据、客户数据、工资数据、成绩数据、财经数据、气象数据、旅游数据、交通数据、上网数据等，这些数据通过不同的方式被记录下来，存储到文档或数据库中，方便人们后续使用。

电子表格软件、数据库软件、在线数据处理平台是常用的数据处理工具，可以完成数据的输入、统计、分析等多项处理工作，也能制作复杂的表格、直观精美的图表。通过数据处理工具和大数据处理技术可以便捷、高效地完成数据统计与分析，发现数据价值，帮助人们决策，提高工作效率。

本单元让我们一起来学习数据处理的相关知识，学习数据采集、数据加工、数据分析的一般方法与过程，学习数据处理软件的基本操作，了解大数据的基础知识。

小剧场

今年的世界读书日,学校将开展"红色经典阅读"主题活动。为办好此次活动,高老师想先对全校学生阅读红色经典作品的情况进行一次摸底调查。

高老师召集了各专业的学生代表,请大家帮他想想办法,如何便捷、快速地完成这次调查。

旅游类专业的小优说:"可以先设计好问卷,打印后让各班班长发问卷,填好后我们来统计。"

农业类专业的小林说:"这需要打印1 000多份问卷呢,打印成本和人力成本都太高了!"

电子信息类专业的小信说:"不用那么麻烦,网络问卷就能轻松解决。"

4.1 采集数据

在日常生活中，经常会接触到各种各样的数据，如"小明百米跑步成绩是 14 秒""假期我读了 3 部名著"等。数据是一种资源，可以产生价值，数据经过解释并赋予一定的意义之后，便成为信息。通常可以通过键盘输入、外部导入、自动生成等方式将数据存储到电子表格或数据库中。正确地获取数据，可以提高效率，方便数据的加工和分析，使数据发挥更好的作用。

学习目标

- 理解数据的分类和常用的数据处理软件的功能；
- 掌握使用网络问卷平台采集数据的方法；
- 掌握使用电子表格软件输入数据、导入外部数据和生成数据的方法；
- 掌握数字与文本数据的转换方法及数据格式的设置方法。

任务1 输入数据

通过键盘在电子表格软件或信息平台中输入数据是最常见的采集方法，可以用手工方式把纸张、图片或其他媒介上的数据整理、输入到电子表格软件中。熟悉电子表格或信息平台的使用，可以提高数据采集的效率。

1. 数据

数据是人们通过对客观事物及其相互关系的观察和测量而得到的事实，是客观事物及其相互关系物理状态的一种直接反映。这些数据可通过数字化的形式存储在数据库和文件系统中，供后续处理使用。

数据按其结构可以分为结构化数据、半结构化数据和非结构化数据，如图 4-1 所示。

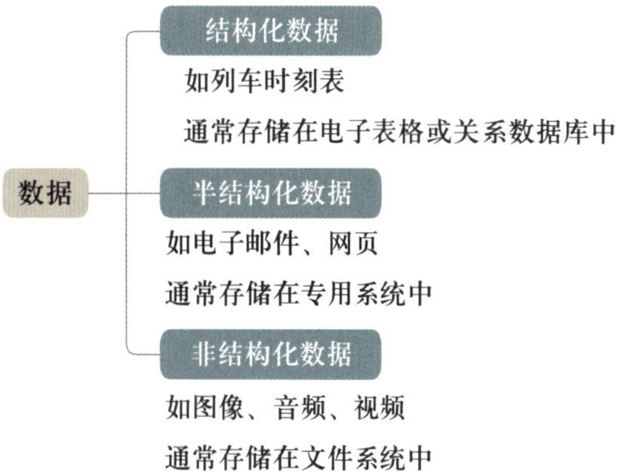

数据
- 结构化数据
  - 如列车时刻表
  - 通常存储在电子表格或关系数据库中
- 半结构化数据
  - 如电子邮件、网页
  - 通常存储在专用系统中
- 非结构化数据
  - 如图像、音频、视频
  - 通常存储在文件系统中

图 4-1　数据分类

本单元中讲述的数据，若无特殊说明，均指结构化数据。

2. 数据采集的方法

数据采集方法一般分为人工采集和自动化采集两种。人工采集主要通过键盘、手写板、麦克风等设备把数据输入计算机或平台中。例如，把一份纸质表格录入电子表格软件中，在问卷系统中填写问卷等。自动化采集主要通过传感系统定时采集数据，自动传输、存储到专用的设备中。例如，气象部门通过空气质量监测系统进行数据采集，采集到的数据可以存储、记录在二维表格中，如图4-2所示。

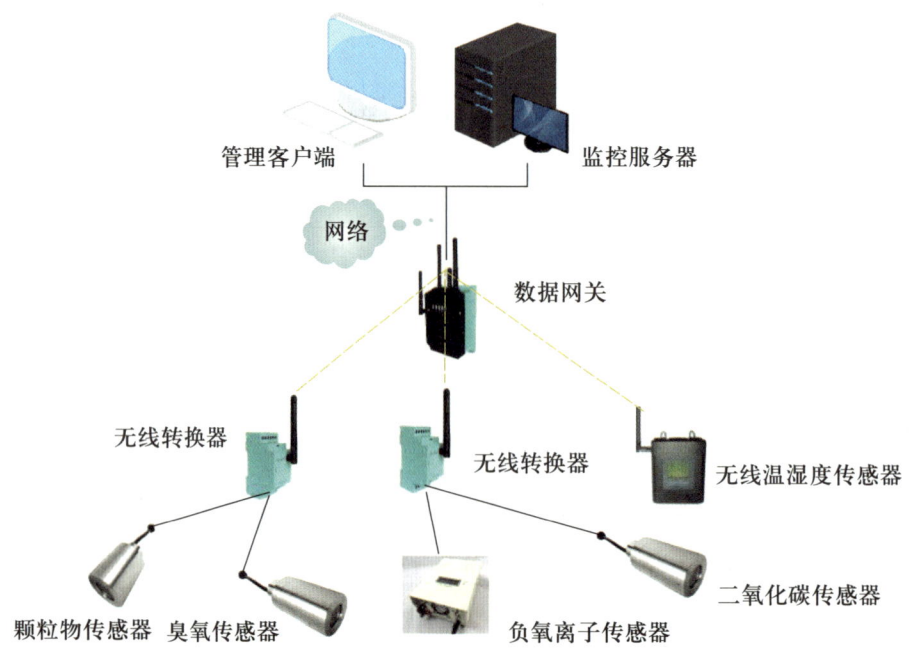

图 4-2 空气质量监测系统数据采集示意图

3. 常用数据处理软件

对结构化数据的处理通常需要借助专业的软件或平台，如电子表格软件、数据库软件、在线数据处理平台等。

（1）电子表格软件

电子表格软件可以方便地管理结构化的表格数据，提供数据列、数据行及表格的插入、删除、添加、选择等基本操作功能。表格中的数据项存储在电子表格的单元格中，单元格中的数据类型和数据呈现形式可以进行个性化的设置。电子表格软件具有强大的数据分析处理能力，通过函数等可以实现数据的自动生成和再加工，通过排序和筛选等可以方便数据的浏览，通过图表等可以实现数据的可视化分析。

金山公司发行的 WPS 表格和微软公司发行的 Excel 是两款常用的电子表格处理软件，两者均提供桌面版本和移动终端版本。

（2）数据库软件

相对于电子表格软件，数据库软件是专业的数据处理软件，通常供专业人员编程时使用。关系数据库是典型的数据库，相关软件有商业版和开源版，开源版中 MySQL 数据库较为流行，南大通用 GBASE 数据库在商业应用领域较为成功。

（3）在线数据处理平台

随着互联网的普及和云计算的兴起，一些企业专门提供在线数据处理服务，如图表秀、BDP 在线数据分析软件、云表等。人们可以通过在线处理平台来实现数据的分析，方便企业和个人进行协同工作，提高工作和生产效率。

4. 网络问卷

网络问卷是采集数据的有效工具。目前常用的网络问卷网站有问卷星、腾讯问卷、金数据等，这些平台均提供了功能强大的问卷设计、调查回收、数据分析等功能。通过网络问卷采集、分析数据所需环节通常如图 4-3 所示。

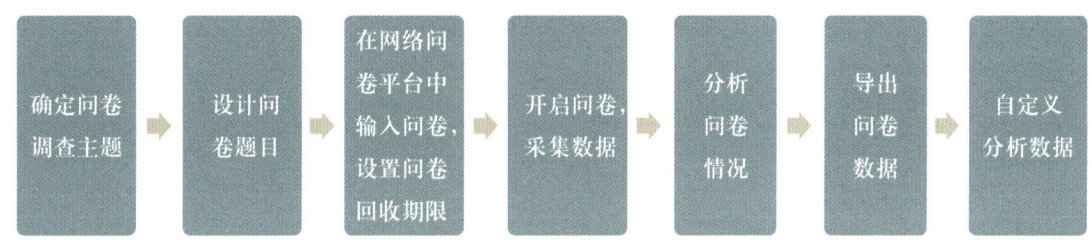

图 4-3 网络问卷所需环节

> **实践体验**
>
> **设计"我读过的红色经典作品"网络问卷**
>
> 1. 创建问卷
>
> ① 进入"问卷星"或其他可制作问卷的官方网站，创建问卷。
>
> ② 创建问卷后，可插入"选择题""填空题"等多种题型，此处选择"选择题"中的"多选"题，编辑问卷，如图 4-4 所示。

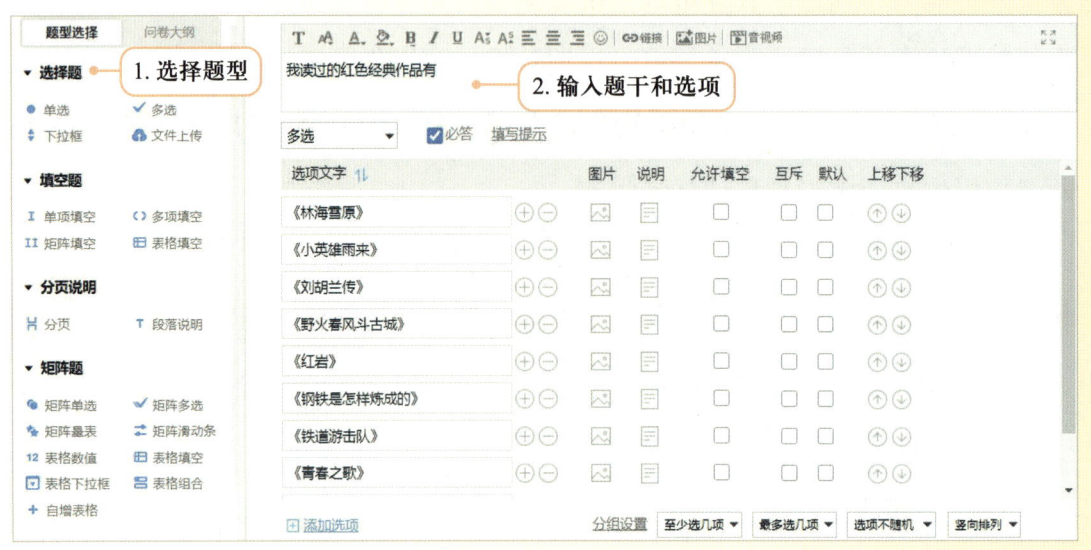

图 4-4 编辑问卷

2. 设置问卷

① 完成编辑后，查看手机、计算机端预览效果。效果满意后，对问卷进行基本设置，如时间控制、答题密码等，如图 4-5 所示。

图 4-5 预览、设置问卷

② 设置完成后，发布问卷，将生成的问卷链接或二维码发送给用户，即可开展调查。

3. 分析问卷

查看问卷统计结果，下载答卷数据，如图 4-6 所示。

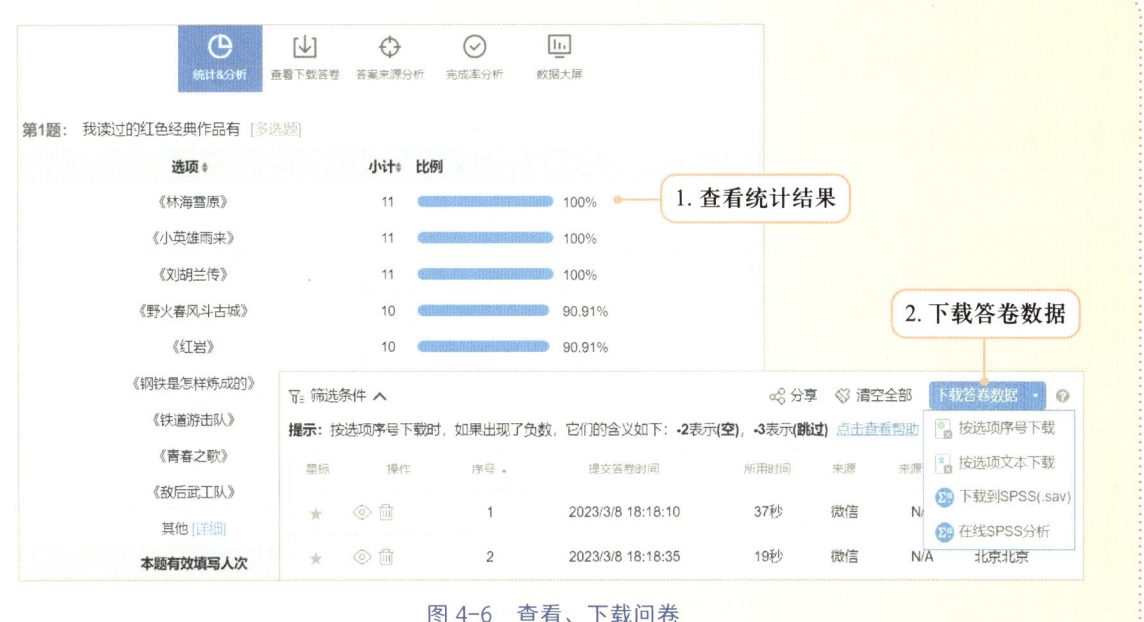

图 4-6　查看、下载问卷

讨论与交流

数据采集过程中如何尊重与保护个人隐私？

巩固提高

在网络问卷调查中，下载的答卷数据是以电子表格形式存储的结构化数据。图 4-7 所示是"我读过的红色经典作品"部分答卷数据，认识表格结构，并将"表头行""数据行""数据列"和"数据项"填入相应空格中。

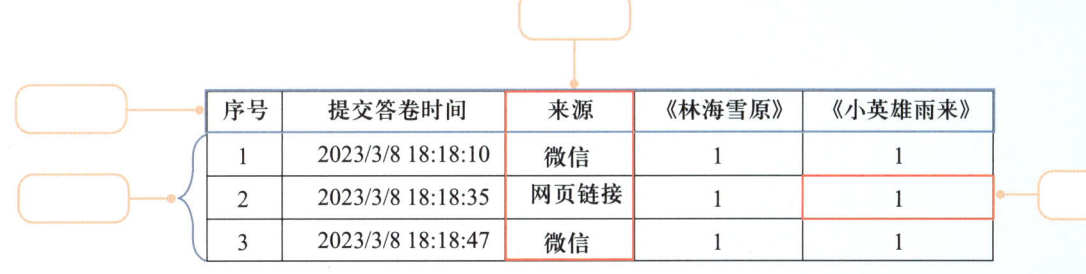

图 4-7　认识表格结构

任务 2　导入数据

导入数据是高效的数据采集方法。不同的软件或平台中，可以通过数据的导入和导

4.1　采集数据

出、复制和粘贴实现数据的交换。从文本文件、文档、表格、网页导入数据到电子表格，是常用的外部数据导入途径，导入数据时通常需要对数据进行必要的处理，选择、调整数据的格式和类型。

1. 从文本文件导入数据

文本文件是常见的数据交换文件，有 TXT 和 CSV 两种基本格式，存放的数据可以用"记事本"等软件直接查看，数据具有一定的透明性。文本文件中除了存储有效字符信息（包括回车符、换行符等信息）外，不能存储其他任何信息。如果文本文件的内容是结构化的，每一行的数据用 Tab 键、分号、逗号、空格等特定的字符分隔，很容易导入到电子表格软件或平台中，在电子表格软件中也可以把表格数据导出为文本文件。

2. 选择性粘贴引用数据

通过"复制""粘贴"命令可以从文字处理软件、电子表格软件、网页浏览器等软件中复制表格数据到电子表格软件中。在电子表格中粘贴数据后，会出现一个"粘贴选项"按钮，单击这个按钮会出现"粘贴选项"浮动面板，呈现的内容根据复制的数据类型有所不同，实现快速粘贴。也可以在粘贴数据后，用"开始"→"粘贴"→"选择性粘贴"命令，打开"选择性粘贴"对话框，选择粘贴方式，如图 4-8 所示。

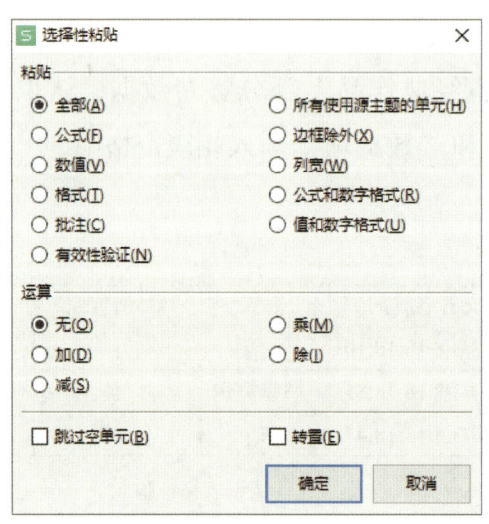

图 4-8　选择性粘贴

例如，单元格 A1 的值为"3"，B1 的值为"4"，C1 的值为"5"，在单元格 A2 中输入公式"=A1+B1"，则显示结果为"7"。此时，若复制单元格 A2，选择性粘贴到单元格 B2，如果选择"数值"，则单元格 B2 的值设置并显示为"7"；如果选择"公式"，则单元格 B2 设置为公式"=B1+C1"，显示为"9"。

实践体验

导入外部数据

除了用键盘、手写板、麦克风等设备直接在工作表中输入数据外，还可以从其他的文档或系统中获取表格数据，导入到电子表格中。导入数据时，通常需要对数据的完整性、正确性进行一定的查验，以免出错。

素材及资源

1. 导入文本文件中的数据

① 文本文件如图 4-9 所示。在 WPS 表格中新建空白工作簿，把工作簿"Sheet1"重命名为"文具销售"。

② 单击"数据"→"导入数据"下拉按钮，选择"导入数据"命令，启动导入向导，选择要导入的文本文件和文本编码，然后按文本导入向导提示的步骤依次进行设置，如图 4-10 所示。

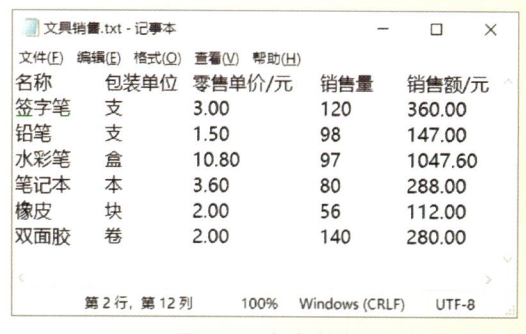

图 4-9　文本文件

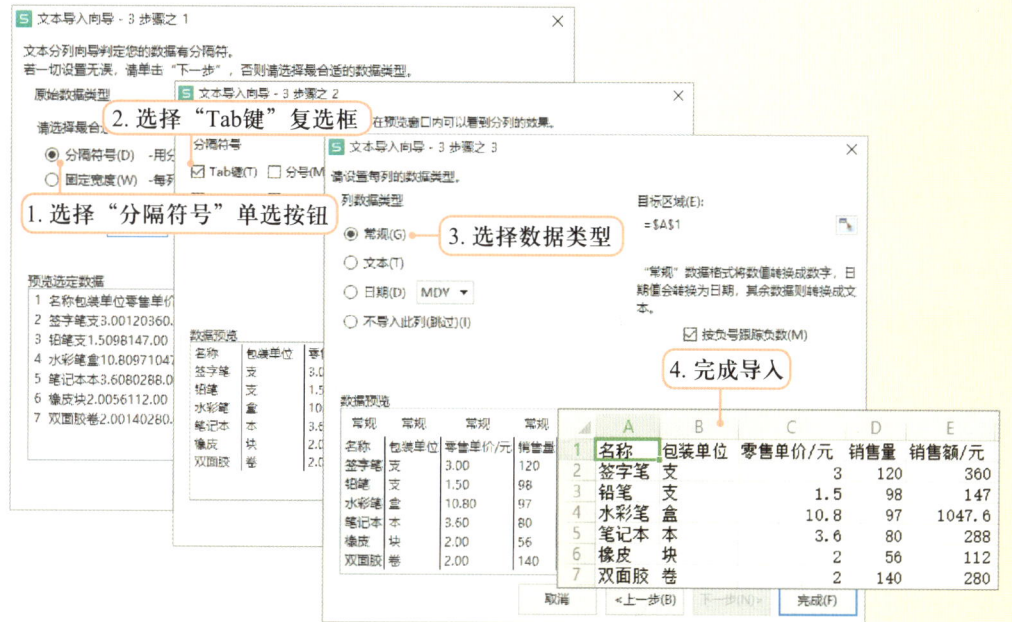

图 4-10　导入文本文件中的数据

③ 导入后检查数据是否完整，格式是否正确，适当进行调整，保存工作簿为"文具销售"。

2. 导入网页中的表格数据

复制网页中的表格，单击工作表中某一个单元格，单击"粘贴"按钮，即以这个单元格为起始位置，复制了带格式的表格数据。也可以单击"粘贴"下拉按钮，选择"选择性粘贴"命令，在弹出的对话框中选择带格式或无格式粘贴，如图 4-11 所示。

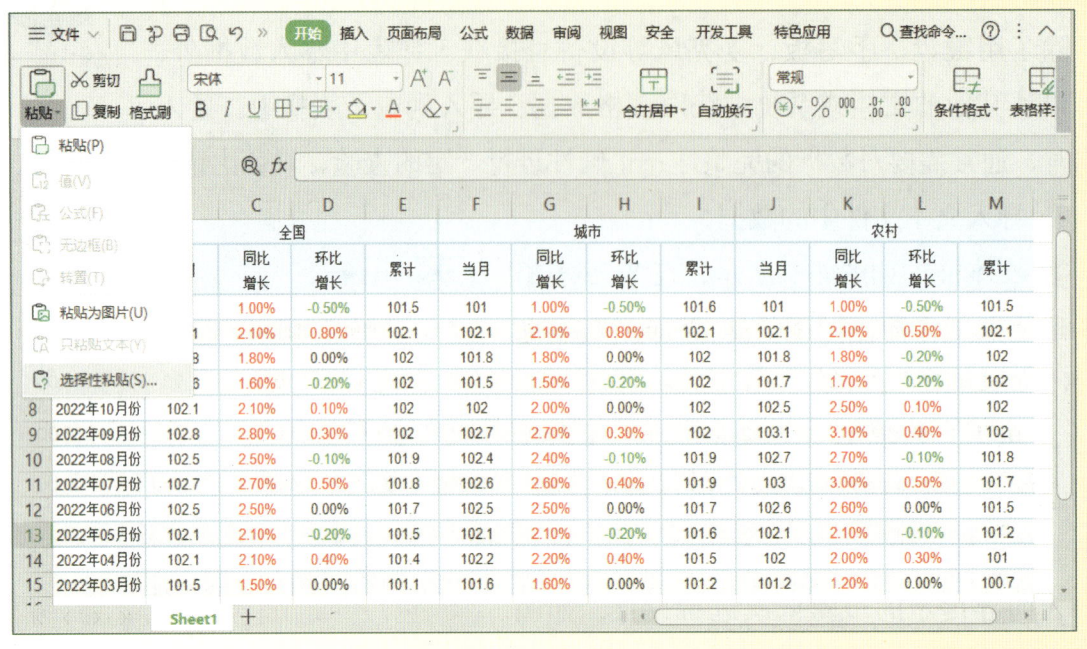

图 4-11　导入网页中表格

 巩固提高

工作簿"文具销售"中"零售单价/元""销售额/元"两列数据没有和原始文本文件一样显示两位小数，请设置小数显示位数，尝试美化表格，并计算当日销售总额，效果参考图 4-12 所示。

素材及资源

图 4-12　美化表格并计算

任务 3　格式化数据

格式化数据可以实现单元格数据类型的转换和呈现方式的改变，增强数据的可读性和辨识度。通过应用不同的数字格式，可将数字以百分比、日期、货币等格式呈现。

1. 文本与数值类型的转换

文本类型的数据不能用于求和等数值计算，不用于数值计算的数字原则上均应作为文本类型输入，在单元格中输入数字前可以输入字符单引号"'"，软件会把输入的数字自动作为文本处理。在输入过程中如果误把数值类型输成了文本类型，可以单击单元格旁边的按钮，从下拉菜单中选择"转换为数字"命令。

2. 单元格格式设置

单元格主要用于存放数值和文本，可以通过单击"开始"→"表格样式"下拉按钮，快速设置单元格及内容的显示效果，也可以通过"单元格格式"对话框进行自定义设置。单元格的呈现结果由单元格中的内容、公式及字体和边框等设置决定。例如，单元格G14的显示效果是"渐变填充、左右边框、16磅大小、水平左对齐、数字文本"的组合，该单元格的左上角呈现一个小三角，是因为该单元格的内容被作为文本处理，如图4-13所示。

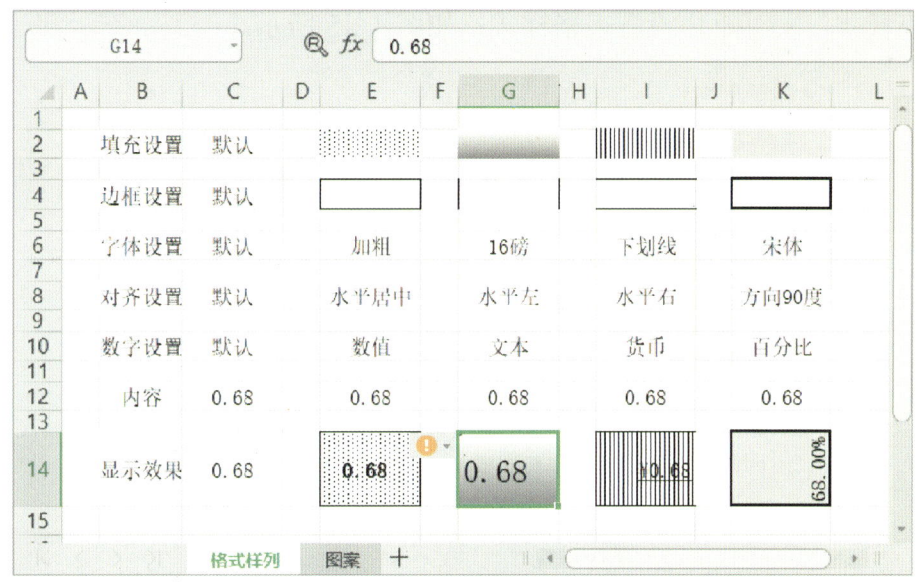

图 4-13　单元格格式设置样例

3. 单元格样式

电子表格软件通常提供了丰富的单元格内置样式，可以快速对单元格进行格式设置，也可以自行设置为符合要求的样式。

选中要套用样式的单元格区域，单击"开始"→"单元格样式"下拉按钮，可以在展开的面板中选择所需的样式。

如对内置样式不满意，可以选择"新建单元格样式"命令，弹出"样式"对话框，设置样式名称和单元格样式，如图4-14所示。

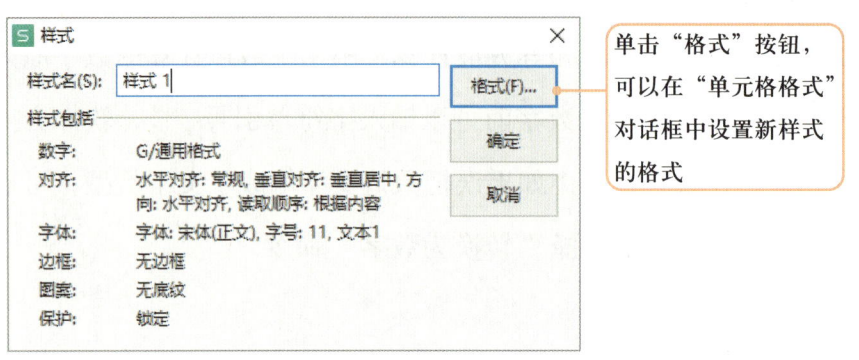

图4-14 设置单元格样式

4. 表样式

单元格可以设置并套用样式，表格也可以。选中要套用样式的单元格区域，单击"开始"→"表格样式"下拉按钮，可以在展开的面板中选择所需的样式。

如对内置样式不满意，可以在展开的面板中选择"新建表格样式"命令，在弹出的"新建表样式"对话框中设置表格样式，如图4-15所示。

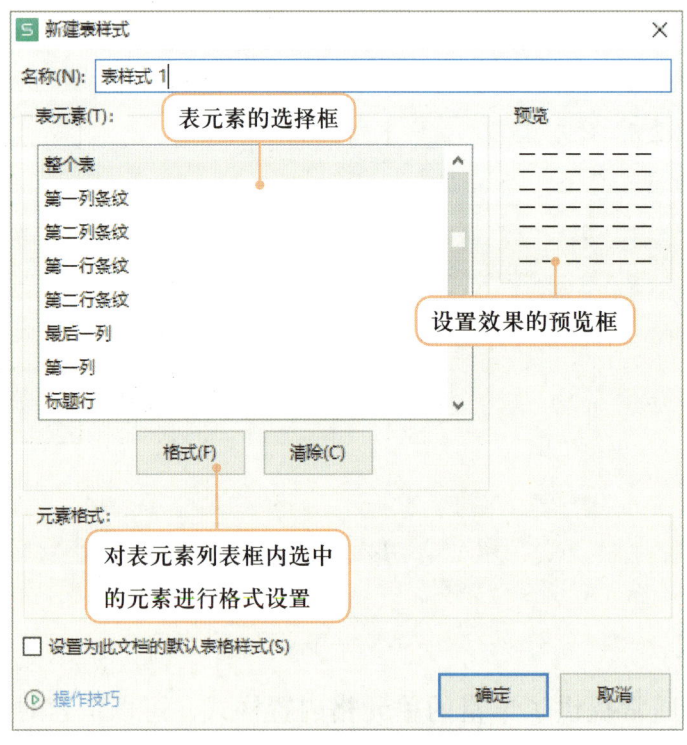

图4-15 新建表样式

实践体验

全球高铁里程汇总表的格式设置与美化

素材及资源

我国的高铁建设处于全球领先地位。下面对全球高铁里程汇总表做基本的格式设置与美化。

1. 套用表格样式，为汇总表选用表格效果

打开工作簿"全球高铁里程"，选中工作表"里程汇总"，为汇总表套用表格样式，如图 4-16 所示。操作中，将弹出"套用表格样式"对话框，可设置套用表格样式的具体区域、标题行的行数等。

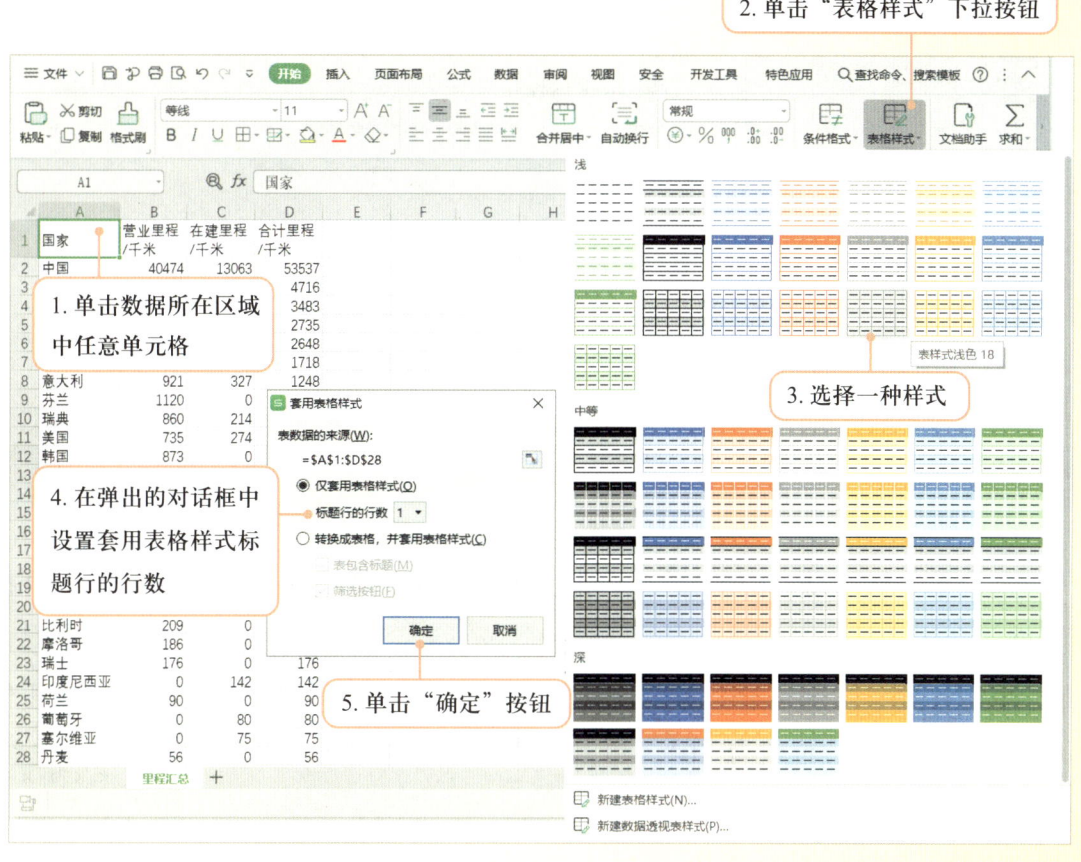

图 4-16　套用表格样式

2. 插入行，为汇总表添加标题

① 右击第一行的行标签，在快捷菜单中选择"插入"命令，在第一行前插入一个空白行。

② 在单元格 A1 中输入文本"2021 年全球高铁里程汇总表"。

③ 选取单元格区域"A1:D1"，单击"开始"→"合并居中"按钮。

④ 把合并的单元格样式设置为"标题 1"。

4.1　采集数据

3. 设置条件格式

突出显示营业里程大于 1 000 的单元格，如图 4-17 所示。

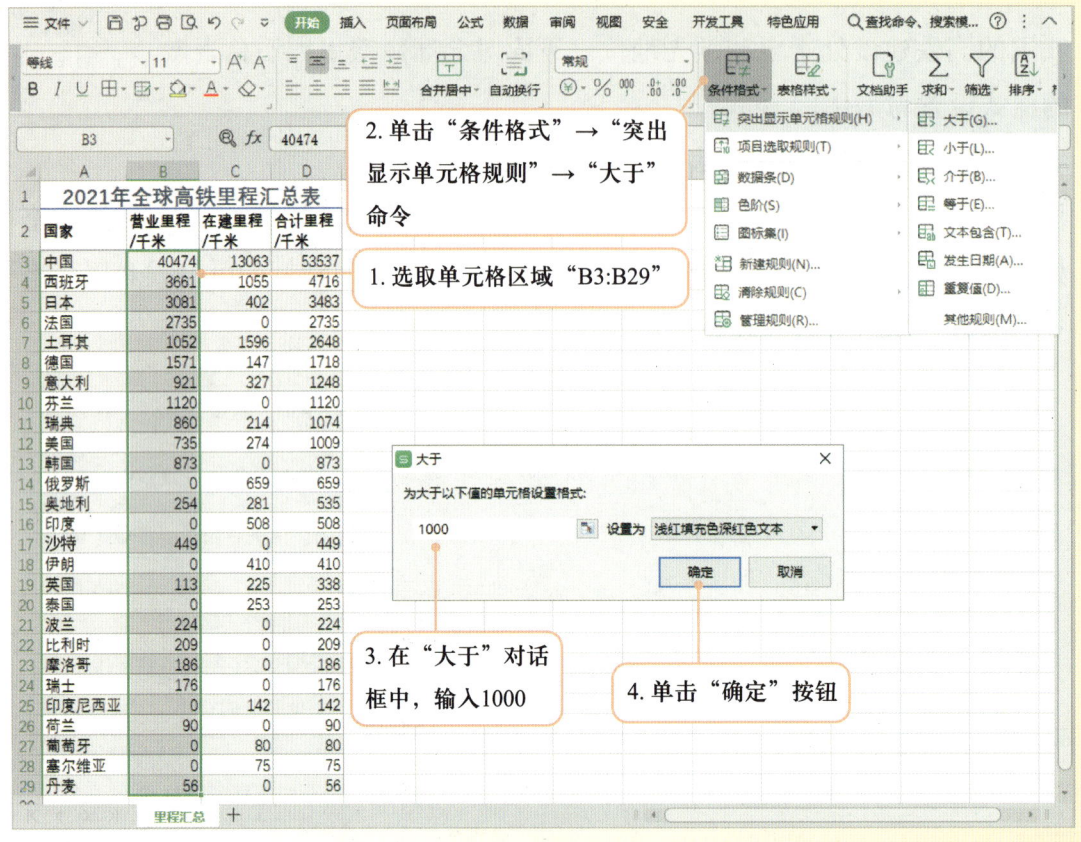

图 4-17　设置条件格式

4. 设置数值格式

① 选取单元格区域"B3:D29"，右击，选择"设置单元格格式"命令，打开设置对话框。

② 单击"数字"选项卡，在"分类"列表框中选择"数值"，勾选"使用千位分隔符"复选框，小数位数为"0"，单击"确定"按钮完成设置。

5. 保存文件

保存文件，效果如图 4-18 所示。

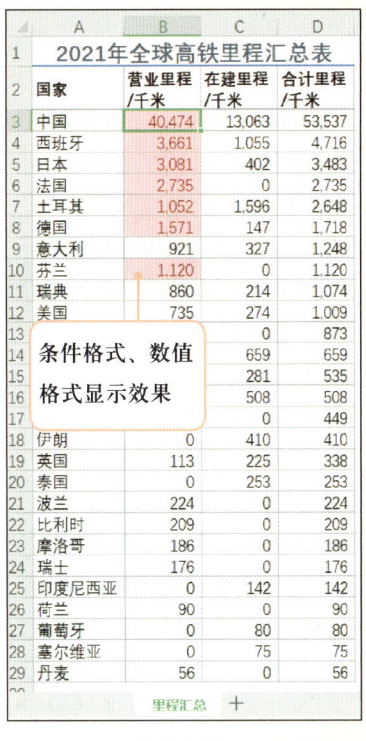

图 4-18 全球高铁里程汇总表

单元格内容呈现结果与单元格的哪些设置有关？

参考图 4-19 所示的 2023 年单页年历，查找 2023 年 5 月 4 日是星期几。

如果答案正确，相信你已经读懂了这张特别的年历，请你也来制作并美化一张有自己风格的单页年历。

图 4-19 单页年历

4.1 采集数据　15

> 探究与合作

1. 数据验证

在单元格中输入数据时存在误输入的可能，如输入的数值不在指定范围内、输入的内容未在允许的序列范围内等，通过设置数据有效性，可以解决这一问题。

① 打开工作簿，选取需进行数据验证的单元格区域。打开"数据有效性"对话框，如图4-20所示。

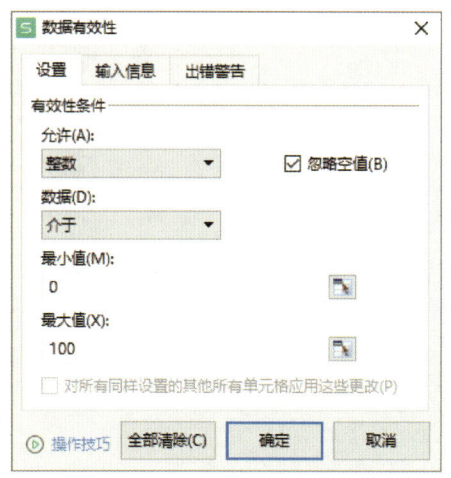

图4-20 "数据有效性"对话框

② 在"设置"选项卡中设置验证条件为：允许"整数"，数据"介于"最小值"0"和最大值"100"之间。

③ 在"输入信息"选项卡中设置输入提示信息。

④ 在"出错警告"选项卡中设置输入验证未通过时的错误提示及处理方式。

2. 工作表保护

对于已经完成的工作表，为防止表格内容因误操作等被修改，可以通过单击"审阅"→"保护工作表"按钮，打开"保护工作表"对话框，设置密码，实现工作表保护。

3. 网络数据采集工具

除了利用人工参与的数据采集方法，还可以利用一些自动化的数据采集工具。例如，智能电表抄送、空气质量检测等物联网系统，均可实现实时数据采集。

利用网络采集海量数据后，可进行分拣和二次加工，从而实现网络数据的价值与利益最大化。国内从事"海量数据采集"的企业很多，可以了解和试用一款数据采集工具进行网页数据的采集。

4.2 加工数据

在日常工作、生活中，经常需要对获得的数据进行加工，加工数据是数据处理过程的重要环节。例如，在学校运动会成绩管理中，可以根据各赛项成绩计算出各班积分，根据积分来排定团体名次，查看积分前五名的班级等。

电子表格软件中提供了函数、排序、筛选、分类汇总等数据加工方法。

学习目标

- 理解函数、排序、筛选和分类汇总等常用数据处理方法的作用；
- 掌握使用函数和表达式对原始数据进行运算和加工、生成新数据的方法；
- 掌握使用排序和筛选浏览数据的方法；
- 掌握使用分类汇总生成统计数据的方法。

任务1 使用公式和函数

电子表格软件提供了功能强大、类型丰富的函数，利用它们可以对原始数据进行加工处理，分析或生成新的数据。

1. 公式和函数

人们可以通过对已有数据进行加工处理产生新的有价值的数据，如工资报表中统计工资总和、根据收入计算应缴纳的个税等。

公式是以等号(=)开头，对工作表中的数据执行运算的等式，也称表达式。公式中可以包括函数、引用、运算符和常量。在电子表格中进行简单的加、减、乘、除、幂运算，不需要使用任何内置函数，只需使用基本运算符：+、-、*、/、^。例如，"=5+2*3"，结果等于"11"；又如，在单元格C1中输入"=A1+B1+100"，则在C1中显示的值是单元格A1的值、B1的值与100之和，当单元格A1和B1的值变化时，C1的值自动更新。

（1）函数的组成

函数由函数名、参数和小括号三部分组成，小括号内部为参数，有多个参数时，用逗号隔开。电子表格软件提供了数值运算、文本运算、日期运算、财务运算等内置函数，SUM、MAX、MIN、AVERAGE、ROUND、MID 等常用函数的使用示例如图 4-21 所示，背景灰色的单元格中输入的是公式，右侧紧邻单元格中是灰色单元格中的公式说明。

B15 ="本单优惠金额为" & ROUND(D7-D9,2) &"元"

	A	B	C	D	E	H	I
1	品名全称	质量/千克	单价/元	金额/元		产地	
2	山东苹果	3	6	18	D2中的公式为“=B2*C2”	山东	H2中的公式为“=LEFT(A2, 2)”
3	贵州橙子	3	6.5	19.5	D3中的公式为“=B3*C3”	贵州	H3中的公式为“=LEFT(A3, 2)”
4	云南香蕉	5	5	25	D4中的公式为“=B4*C4”	云南	H4中的公式为“=LEFT(A4, 2)”
5	福建柠檬	2	9	18	D5中的公式为“=B5*C5”	福建	H5中的公式为“=LEFT(A5, 2)”
6							
7			应收	80.5	D7中的公式为“=SUM(D2:D5)”	苹果	H7中的公式为“=MID(A2, 3, 2)”
8			折扣	0.95		橙子	H8中的公式为“=MID(A3, 3, 2)”
9			实收	76.475	D9中的公式为“=D7*D8”		
10							
11	最高单价/元	9	B11中的公式为“=MAX(C2:C5)”				
12	最低单价/元	5	B12中的公式为“=MIN(C2:C5)”				
13	平均单价/元	6.625	B13中的公式为“=AVERAGE(C2:C5)”				
14	平均单价/元（保留2位小数）	6.63	B14中的公式为“=ROUND(AVERAGE(C2:C5), 2)”				
15		本单优惠金额为4.03元			B15中的公式为“="本单优惠金额为" & ROUND(D7-D9, 2) &"元"”		
16							

函数　运算符

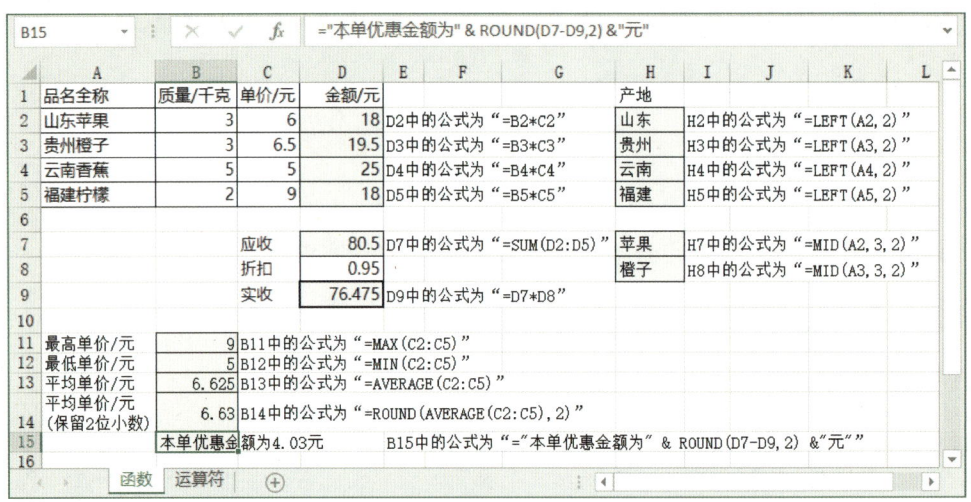

图 4-21　常用函数使用示例

（2）运算符

运算符分为四类：算术运算符、关系运算符、文本运算符、引用运算符。运算符使用示例如图 4-22 所示。公式中如果使用多个运算符，则按运算符的优先级别由高到低进行运算，同级运算符从左到右进行计算。运算顺序为：圆括号 > 算术运算 > 文本运算 > 关系运算。

	A	B	C	D	E	F	G
1	示列数据	运算符类型	运算符	运算功能	公式举例	运算结果	运算说明
2	3.14	算术运算符	+	加	=A2+A3	8.14	结果为数值
3	5		-	减	=A3-A2	1.86	
4	4		*	乘	=A3*A5	15	
5	3		/	除	=A3/A4	1.25	
6	68		%	求百分比	=A6%	0.68	
7	2		^	乘方	=A7^A5	8	
8		关系运算符	=	等于	=A2=3.14	TRUE	如果比较结果成立，则为TRUE，否则为FALSE
9			>	大于	=A2>3.14	FALSE	
10			<	小于	=A2<A3	TRUE	
11	Word		>=	大于等于	=A11>="Excel"	TRUE	
12			<=	小于等于	=A2*A5<=A3*A6	TRUE	
13			<>	不等于	=A2<>3.14	FALSE	
14	北京	文本运算符	&	字符串连接	=A14&A15	北京欢迎您	
15	欢迎您				=A14 & "2008"	北京2008	
16		引用运算符	:（冒号）	区域运算	=SUM(A2:A7)	85.14	A2:A7对两个引用组成的区域内的单元格进行引用
17			,（逗号）	联合运算	=SUM(A3:A5,F4,F7)	35	A3:A5,F4,F7将多个引用的单元格合并为一个引用
18			（空格）	交叉运算	=SUM(A2:A5 A3:A7)	12	A2:A5 A3:A7将多个引用的共有单元各合并为一个引用

函数　运算符

图 4-22　运算符使用示例

（3）IF 函数

IF 函数是常用的函数之一，它可以对值进行逻辑比较。IF 函数最简单的形式为：

> IF（逻辑条件,结果 1,结果 2）

因此，IF 函数有两个结果。当逻辑条件比较结果为 TRUE，则为结果 1，否则为结果 2。例如，IF(H2>=85," 优秀 "," 非优秀 ")，如果 H2 的值为 80，条件不成立，为 FALSE，计算结果为"非优秀"。

如要得出多个结果，可以嵌套使用 IF 函数，把其中的一个结果用 IF 函数代替，产生嵌套。例如，IF(H2>=85," 优秀 ",IF(H2>=60," 合格 "," 不合格 "))，如果 H2 的值为 80，第一步计算结果为 IF(H2>=60," 合格 "," 不合格 ")，进一步计算结果为"合格"。

2. 引用地址

单元格地址引用分为相对引用、绝对引用和混合引用三种。

（1）相对引用

相对引用使用单元格的列号和行号表示单元格地址，如"B5"表示 B 列第 5 行的单元格。相对引用会因为公式所在位置的不同而发生相应的变化，当公式复制到一个新的位置时，公式中包含的相对地址会随之改变。

（2）绝对引用

绝对引用在列号和行号前各加一个"$"符号表示单元格地址，如"B5"的绝对引用地址为"$B$5"，当公式复制到同一工作表中新的位置时，公式中的绝对引用地址不会发生变化。

（3）混合引用

混合引用在列号或行号前加一个"$"符号表示单元格地址，如"B5"的混合引用地址是"$B5"或"B$5"，当公式复制到同一工作表中新的位置时，公式中前面加"$"的部分不会发生变化。

实践体验

计算运动会赛项积分

一年一度的学校运动会即将举行，赛项成绩的汇总与统计分析是一项烦琐的工作，我们一起来体验如何将一张张赛项成绩公告单汇总生成

素材及资源

"赛项名次积分汇总表"，再进一步制作"班级积分名次汇总表"，如图 4-23 所示。

团体赛项成绩公告单

项目：男子组 4X400m　　年级：高一

名次	成绩	学部	班级
1	4:18.8	信息技术部	计算机应用 1
2	4:27.0	机电部	机电 1
3	4:27.5	经贸部	国际商务
……			

个人赛项成绩公告单

项目：男子组铅球　　年级：高一

名次	成绩	姓名	学部	班级
1	8.31	石 * 易	信息技术部	计算机网络 2
2	8.05	郭 * 瑞	信息技术部	计算机应用 2
3	7.61	邱 * 泽	经贸部	商务德语
……				

赛项名次积分汇总表

赛项名称	类型	年级	学部	班级	名次	成绩	积分
男子组 4X400m	团体	高一	信息技术部	计算机应用 1	1	4:18.8	15
男子组 4X400m	团体	高一	信息技术部	计算机应用 2	5	4:35.6	4
男子组 4X400m	团体	高一	旅游服务部	导游	7	4:38.2	2
男子组 4X400m	团体	高一	机电部	机电 1	2	4:27.0	12
男子组铅球	个人	高一	经贸部	商务德语	3	7.61	7
男子组铅球	个人	高一	信息技术部	计算机应用 2	2	8.05	10
男子组铅球	个人	高一	信息技术部	计算机应用 3	8	6.8	1
……							

班级积分名次汇总表

年级	学部	班级	总积分	名次
高一	经贸部	商务德语	54	8
高一	经贸部	商务法语	34	13
高一	经贸部	国际商务	64	6
……				

图 4-23　运动会赛项数据处理示意图

1. 设计"赛项名次积分汇总表"

① 新建工作表，添加列标题"赛项名称、类型、年级、学部、班级、名次、成绩、积分"。

② 根据各赛项成绩公告单在汇总表中添加相应的数据行。

2. 用 IF 函数根据名次计算积分

积分为基础分和奖励分的总和，具体计算方式如下。

- 基础分：9-名次；
- 个人项目奖励分：IF(名次 <=3,5-2*(名次 -1),0)，即前三名分别奖励 5 分、3 分、1 分；
- 团体项目奖励分：IF(名次 <=3,7-2*(名次 -1),0)，即前三名分别奖励 7 分、5 分、3 分。

① 设置函数。选中要填写计算结果的单元格 H2，单击编辑栏中的"插入函数"按钮，在"插入函数"对话框中选择 IF 函数，在函数参数框中输入相应的参数，如图 4-24 所示。单元格 H2 中最终的公式是：=IF(B2=" 个人 ",9-F2+IF(F2<=3,5-2*(F2-

1),0),9-F2+IF(F2<=3,7-2*(F2-1),0))。

② 填充公式。由于公式中使用的是相对地址，双击单元格 H2 右下角的填充柄，完成总分计算公式的快速填充，也可以用拖拉单元格 H2 的填充柄完成公式设置。

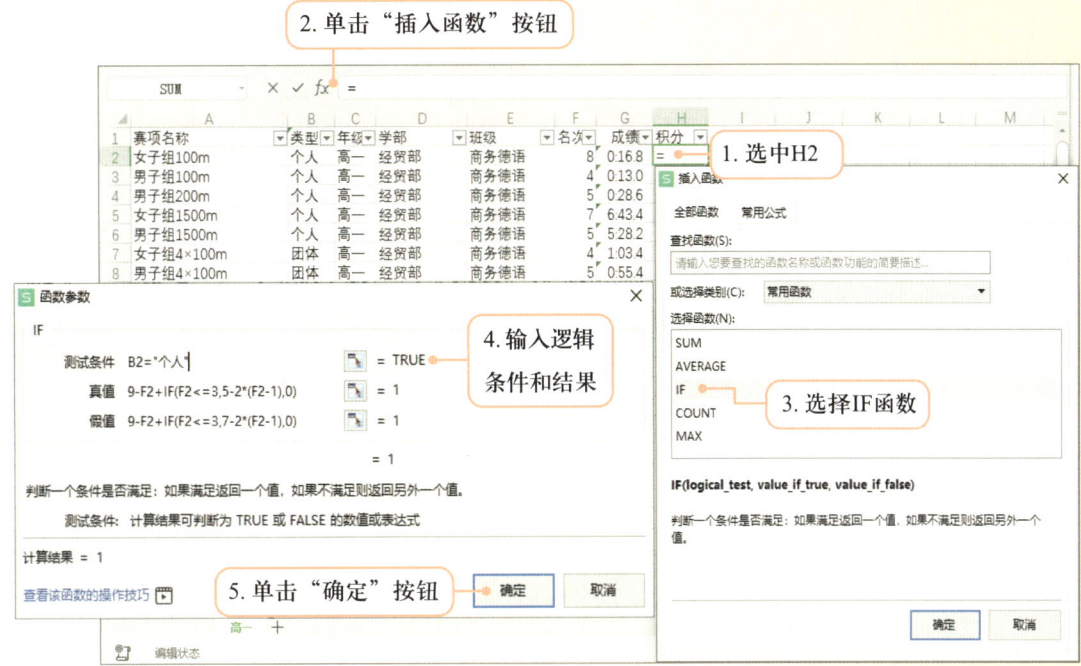

图 4-24 使用 IF 函数计算积分

> **提示**
>
> 插入函数的其他方法：
> ① 单击"公式"选项卡中相应函数类别按钮的下拉列表，选择函数。
> ② 如果知道函数名称和使用方法，可以直接在编辑栏中输入函数。

3. 用 SUM 函数分别计算各班的总积分

① 按班级排序。选取单元格 E1，单击"数据"→"排序"→"升序"命令。

② 计算"商务德语"班总积分。在第 12 行下插入一个空白行，复制单元格区域"C12:E12"内容到"C13:E13"，选中单元格 H13，在其中输入公式"=SUM(H2:H12)"或单击"开始"→"求和"按钮，计算"商务德语"班的总积分，如图 4-25 所示。

③ 依次计算其他班级的总积分。

4. 制作"班级积分名次汇总表"

新建"班级积分名次汇总表"，把各班的赛项总积分所在行复制到表中。

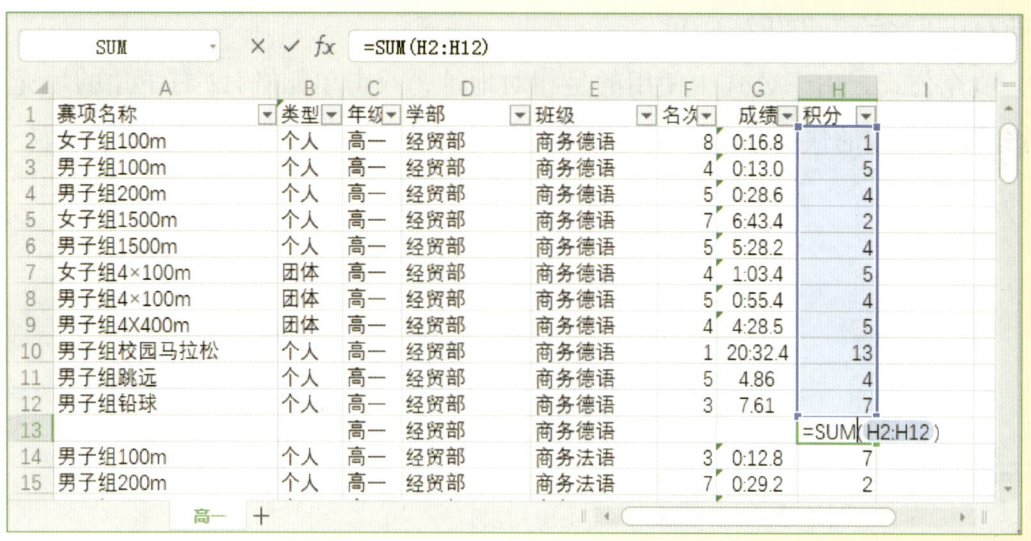

图 4-25 使用 SUM 函数计算总积分

电子表格软件中的公式与函数和数学中的公式与函数有何异同？

灵活运用地址引用，根据单元格区域"A3:A11"和"B2:J2"中的数值，使用公式填充的方式完成乘法口诀表一和乘法口诀表二，如图 4-26 所示。

素材及资源

图 4-26 乘法口诀表

任务 2　使用排序

排序是常用的数据处理方法，可以实现表格数据按设定的排序规则重新排列，使具有相同或相近值的行排在一起，方便浏览和分析。

1. 排序

电子表格中行的排列顺序可以通过排序方式来改变。排序操作可以方便查找需要的信息，对于工作表中的大量数据，经常需要按照一定的规则进行排序。在按列排序时，按照数据列表中某列数据的升序或降序进行排序，是最常用的排序方法，如姓名按照拼音字母升序排序、积分按降序排序等。

2. 多重排序

当按一个关键字排序后出现并列结果时，就需要添加若干次关键字，增加排序条件。例如，奥运会奖牌排行榜的排名，首先按金牌数量排名，当金牌数量相同时再按银牌数量排名，当金牌数量和银牌数量都相同时再按铜牌数量排名，只有当金牌、银牌和铜牌数量均相同时，才能确定为名次并列。

　实践体验

素材及资源

运动会积分排名

根据班级积分确定每个班级的积分名次，从而确定每一个年级组的前三名。

1. 用 RANK 函数计算各班的年级名次

打开工作簿"运动会成绩"，用 RANK 函数计算名次，如图 4-27 所示，具体操作如下。

① 单击单元格 E2，使用"插入函数"按钮启动向导，选择 RANK 函数，打开"函数参数"对话框，用"引用单元格"选择按钮设置 RANK 函数的数值参数为"D2"、引用参数为"D2:D21"，在排位方式文本框中输入"0"，单击"确定"按钮，单元格 E2 中公式应为"=RANK(D2,D2:D21,0)"，此公式的含义是：计算单元格 D2 在列表"D2:D21"的降序名次。

② 把引用参数的值修改为行绝对引用，修改后的公式应为"=RANK(D2,D$2:D$21,0)"，避免把公式复制到"E3:E21"时引用参数自动发生改变。

如果不修改，E3 中的公式将变为"=RANK(D3,D3:D22,0)"，此时公式中的引用参数不符合要求。

③ 把 E2 中的公式复制到"E3:E21"中。

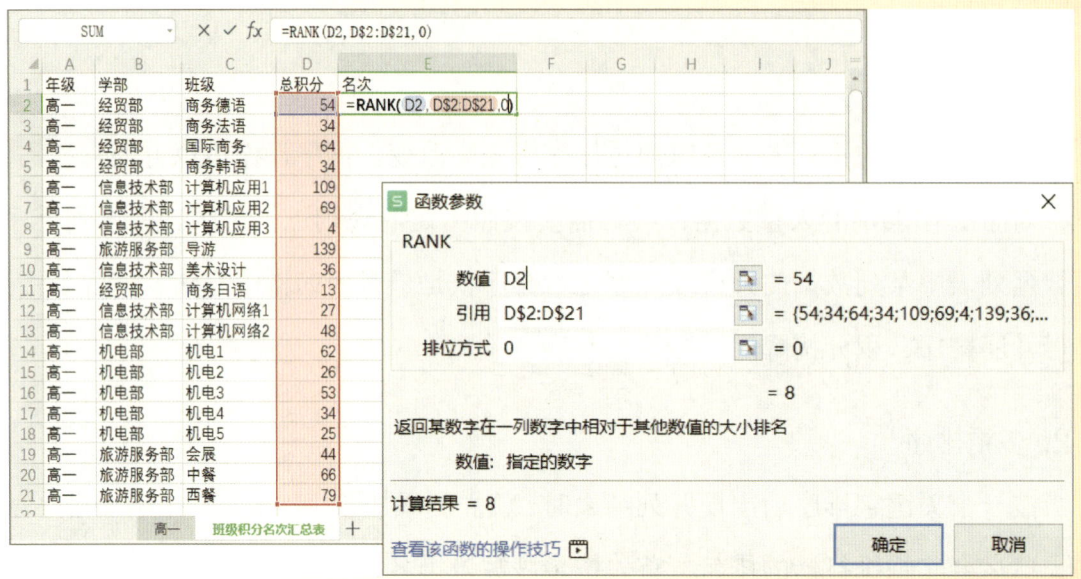

图 4-27　用 RANK 函数计算名次

2. 查看积分前三名的班级

通过对名次从小到大排列，可以直观地看到前三名的班级，如图 4-28 所示。

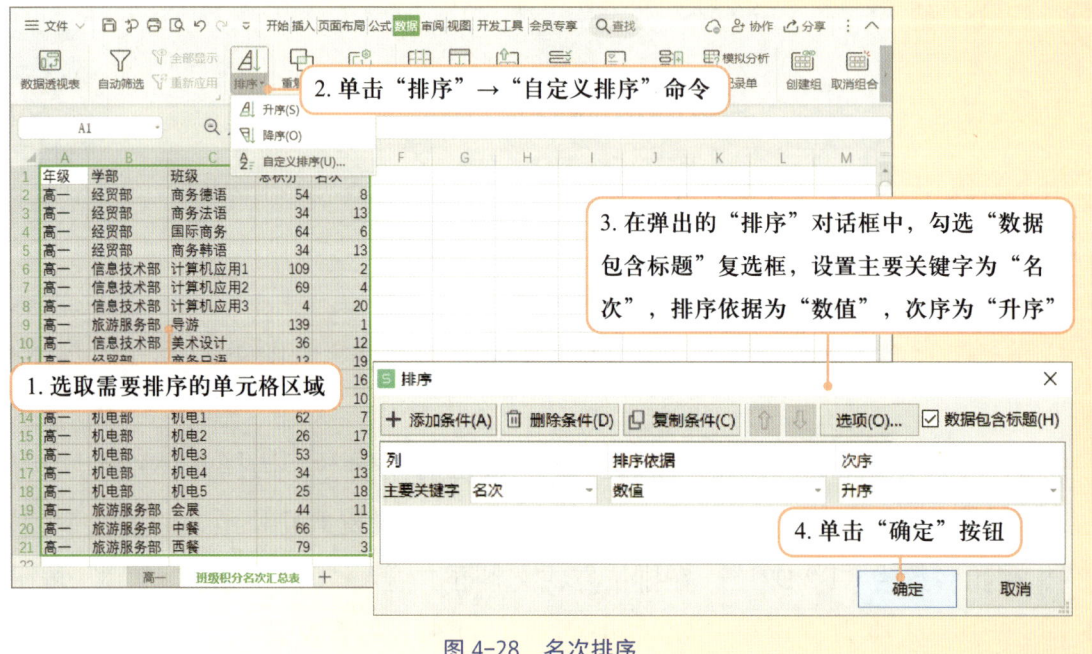

图 4-28　名次排序

24　第 4 单元　用数据说话——数据处理

如果排序的单元格区域周围都是空白单元格，也可以采用将光标定位在排序列的某个单元格中，然后直接单击"升序"或"降序"命令。

3. 通过多重排序，查看各学部各班的排名

① 选取单元格区域"A1:E21"，单击"排序"→"自定义排序"命令，打开"排序"对话框。

② 在对话框中单击"添加条件"按钮，把"学部"设置为主要关键字、升序，依次把"名次""班级"设置为次要关键字、升序。

③ 设置完成后，单击"确定"按钮。

 讨论与交流

能为各类数据的排序规则进行归类吗？文本型的数据除了按拼音排序，还有其他的依据吗？在哪里可以设置排序依据？

 巩固提高

打开工作簿"奥运奖牌"，通过多重排序，将奖牌榜按总数、金牌数、银牌数、铜牌数降序排列。

素材及资源

任务3 使用筛选

当电子表格中数据行较多时，很难直观地查看符合条件的行，如在销售表中查看利润率高于10%的商品，此时可以使用筛选来处理数据。

筛选是指让某些符合条件的数据记录显示出来，而暂时隐藏不符合条件的数据记录。电子表格的筛选分为自动筛选、自定义筛选和高级筛选等方式。

4.2 加工数据

1. 自动筛选

选中筛选区域，单击"数据"→"自动筛选"按钮，标题栏中每一列右侧出现筛选下拉按钮，选中需要筛选的内容，即可完成自动筛选。

2. 自定义筛选

如果通过一个筛选条件无法获得需要的筛选结果，用户可以使用自定义筛选功能，设定多个筛选条件，在筛选过程中具有很大的灵活性。

3. 高级筛选

采用高级筛选，可以根据复杂的条件对数据进行筛选。高级筛选的关键是准确设置条件区域，条件区域中行与行之间的条件为"或"关系组合，列与列之间的条件为"与"关系组合，利用条件区域可以实现复杂的关系运算。

  实践体验

选购个人计算机

打开工作簿"计算机报价"，利用筛选功能，从报价单中查看品牌、配置、报价等信息，供选购决策参考。

1. 通过筛选查看销售价格为 5 000~6 000 元的笔记本电脑

① 通过自动筛选，筛选出笔记本电脑的报价单，如图 4-29 所示。

② 通过自定义筛选，进一步筛选出销售价格为 5 000~6 000 元的笔记本电脑，如图 4-30 所示。

2. 通过筛选查看 CPU 采用"Intel I7"或"AMD A6"的笔记本电脑

与自动筛选查看价格为 5 000~6 000 元的笔记本电脑类似，先筛选出"笔记本"，然后再单击"类别"列的筛选下拉按钮，选择"文本筛选"→"自定义筛选"命令，在弹出的"自定义自动筛选方式"对话框中设定"或"关系的两个条件，即配置及技术指标包含"I7"或"A6"。

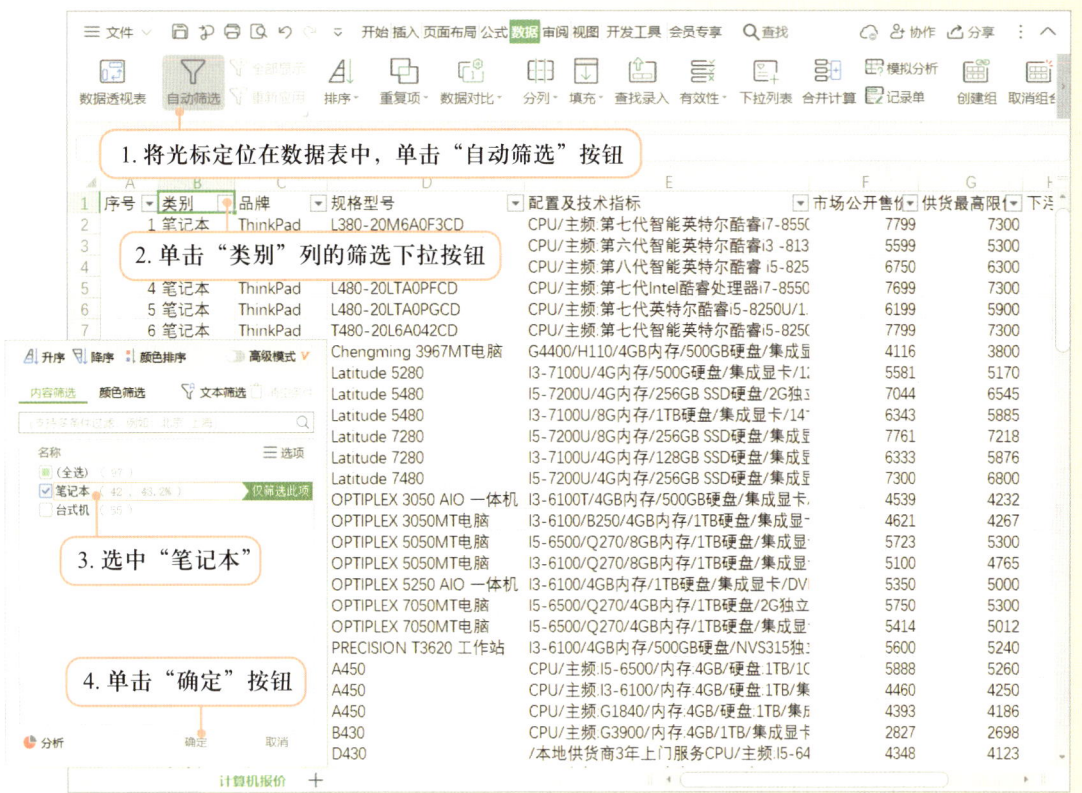

图 4-29　自动筛选类别为"笔记本"的行

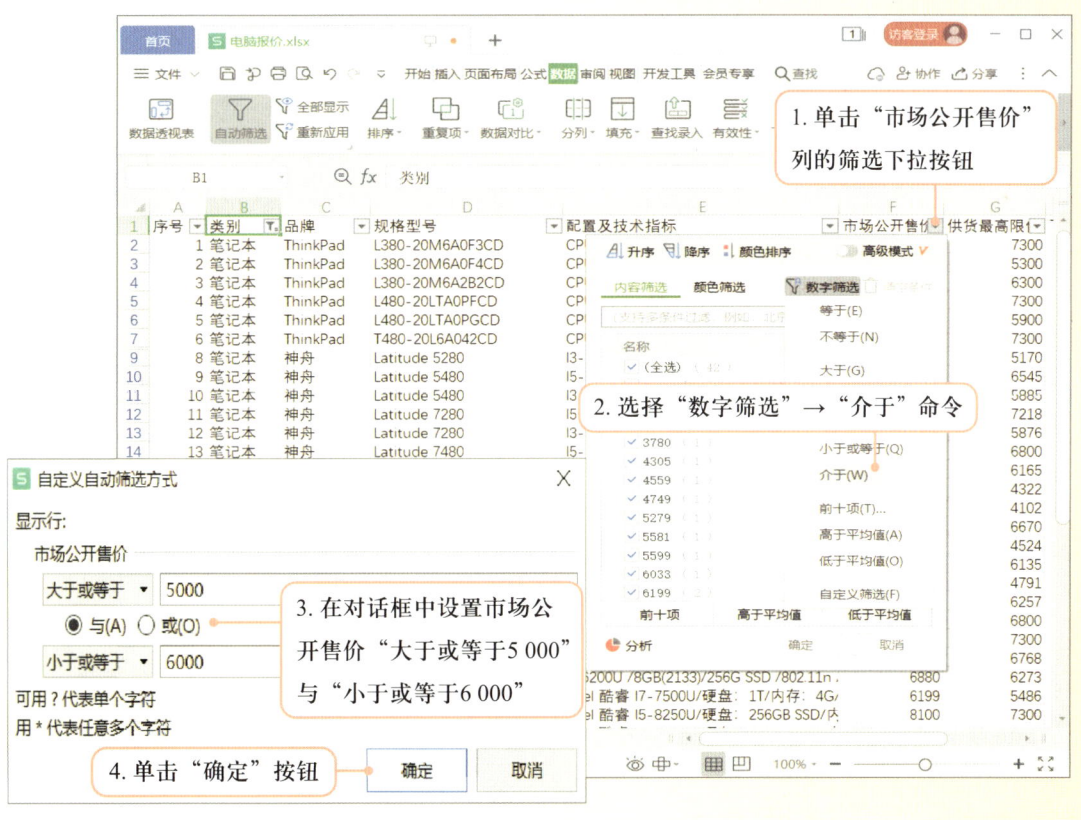

图 4-30　自定义筛选价格为 5 000~6 000 元的行

4.2　加工数据

> **提示**
>
> ① 若在筛选后打印,那么只会打印筛选后的结果,并不会打印被隐藏的数据。
>
> ② 若要取消自动筛选,只要再次单击"自动筛选"按钮即可。
>
> ③ 自动筛选能满足简单的筛选,复杂的筛选需要用到高级筛选。

  讨论与交流

取消筛选后,数据表的行会自动恢复到筛选前的状态,而排序后数据表的行状态发生了物理改变。有什么办法可以恢复排序前的行状态呢?

  巩固提高

吉梅汽车公司统计月销售情况,请使用高级筛选,找出"毛利润率不低于25%"或"净利润率不低于10%"的销售月份,操作提示如图4-31所示。

素材及资源

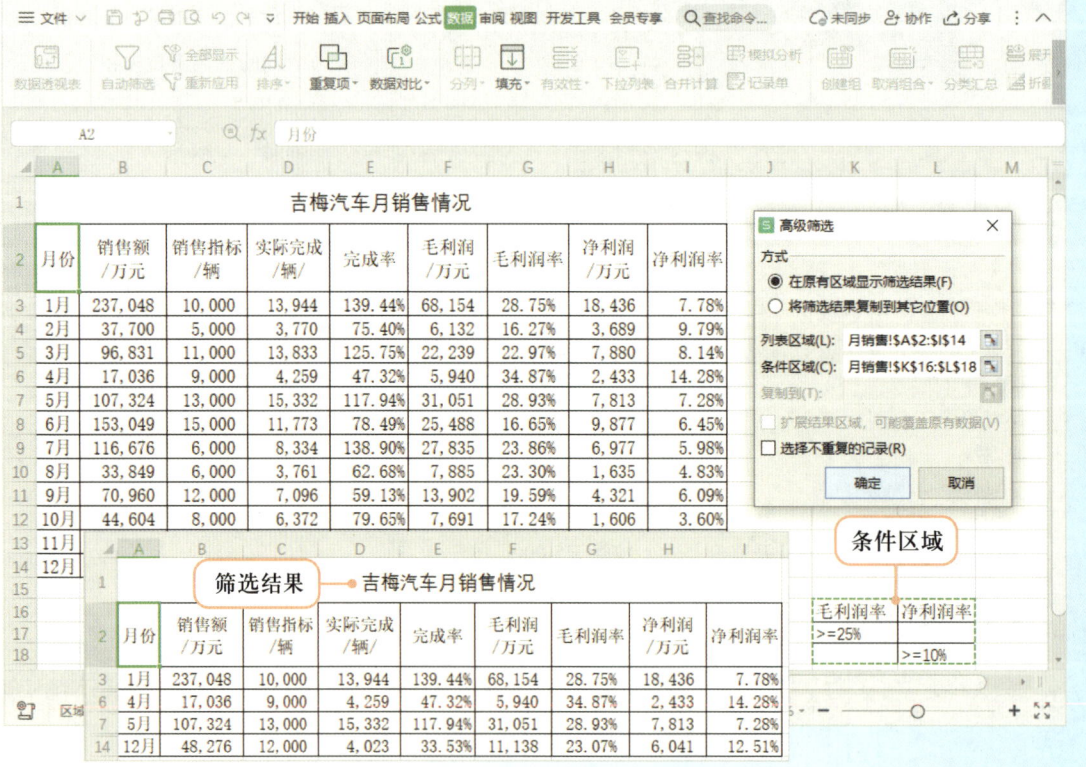

图 4-31　筛选符合条件的销售月份

任务 4　使用分类汇总

使用分类汇总，可以快速地对已分类的数据进行汇总，如统计商品的销售金额、销售数量等。

在汇总之前需对分类字段数据进行排序，把关键字相同的行聚合在一起，再逐类对指定的字段进行计数、求和、求平均值等汇总运算。例如，汇总不同水果的质量和金额，如图 4-32 所示。

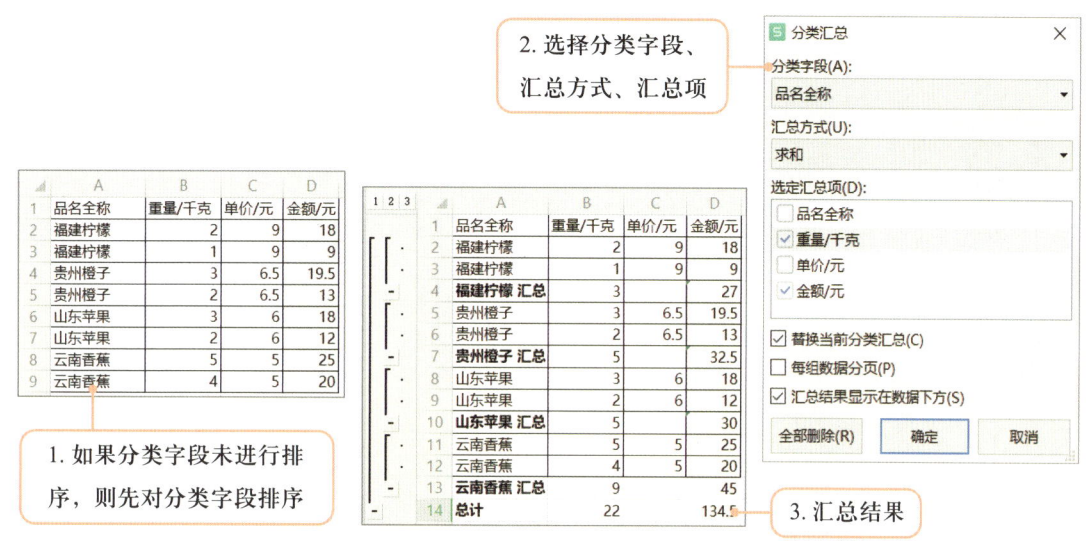

图 4-32　分类汇总示例

 实践体验

统计运动会获奖情况

在任务 1 "实践体验 计算运动会赛项积分"中，按班级排序后，用 SUM 函数依次计算了各班的总积分，先把同类的行通过排序聚合在一起，再用函数汇总统计相应的值，这个过程蕴含了分类汇总的基本原理。显然，当班级较多时这样操作比较麻烦，下面用电子表格软件的分类汇总功能，对运动会获奖情况按班级分类进行积分求和汇总。

1. 分类汇总

通过分类汇总对每个班级的积分进行统计，如图 4-33 所示。

2. 分级查看汇总结果

单击分级显示按钮 "1"，隐藏分类，只显示总积分。单击分级显示按钮 "2"，显

4.2　加工数据　29

示分类但隐藏明细，可以直观地查看各班级的积分对比情况，如图 4-34 所示。单击分级显示按钮"3"，显示全部明细。按积分排序后，可以查看积分前五名的班级。

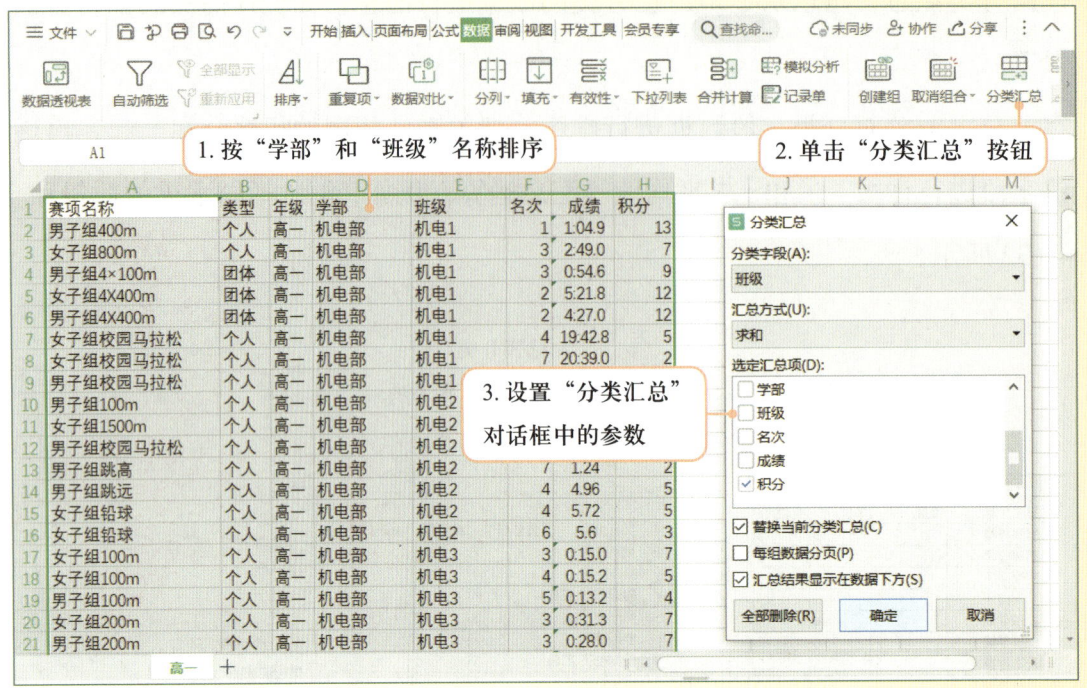

图 4-33 分类汇总

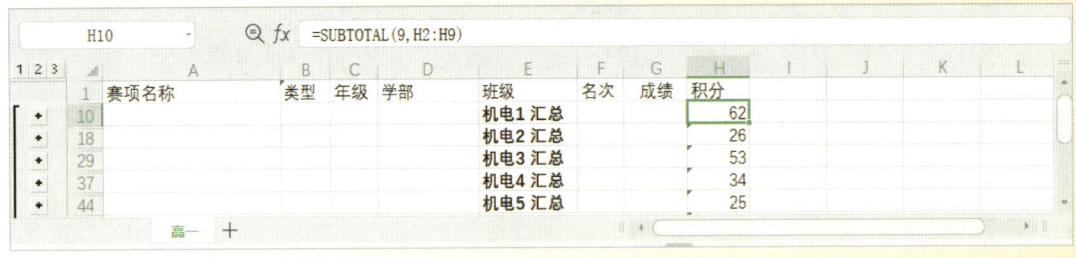

图 4-34 分级查看汇总结果

3. 统计每个班级的获奖人次

① 单击"数据"→"分类汇总"按钮，打开"分类汇总"对话框。

② 单击"全部删除"按钮，删除分类汇总。

③ 再次使用分类汇总，分类字段设置为"班级"，汇总方式设置为"计数"，因为计数汇总不涉及数值运算，所以选定汇总项可设置为任意项。单击"确定"按钮，即可清楚地看到每个班级的获奖人次。

讨论与交流

为什么分类汇总前必须依据分类字段对数据表进行排序？如果不用分类汇总功能，能不能用排序结合函数等操作来实现分类汇总？

巩固提高

在图 4-34 中，单元格 H10 显示的值是 62，公式为"=SUBTOTAL(9,H2:H9)"，试了解 SUBTOTAL 函数各参数的含义。

探究与合作

用 VLOOKUP 函数引用生成学业评价表

VLOOKUP 函数用于在指定表格区域的第 1 列中查找指定的内容，返回匹配的行中的指定列的内容，格式为：

素材及资源

VLOOKUP（查找值，数据表，列序数，[匹配条件]）

例如，在单元格 G4 中输入公式"=VLOOKUP($G$1,$B$2:$D$5,3,FALSE)"，实现在单元格区域"B2:D5"的第 1 列中精确查找内容为"数学"的行，返回该区域中"数学"所在行第 3 列的内容"80"，如图 4-35 所示。

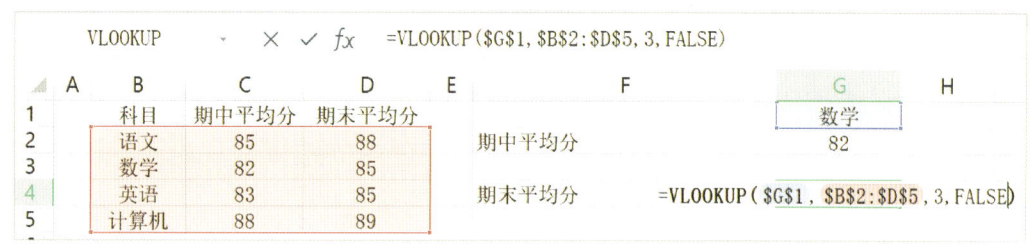

图 4-35　VLOOKUP 函数示例

实例：根据学生成绩和评语素材文件，设计学业评价表，从下拉列表中选择学生姓名后，自动更新评价表中的成绩和评语，如图 4-36 所示。

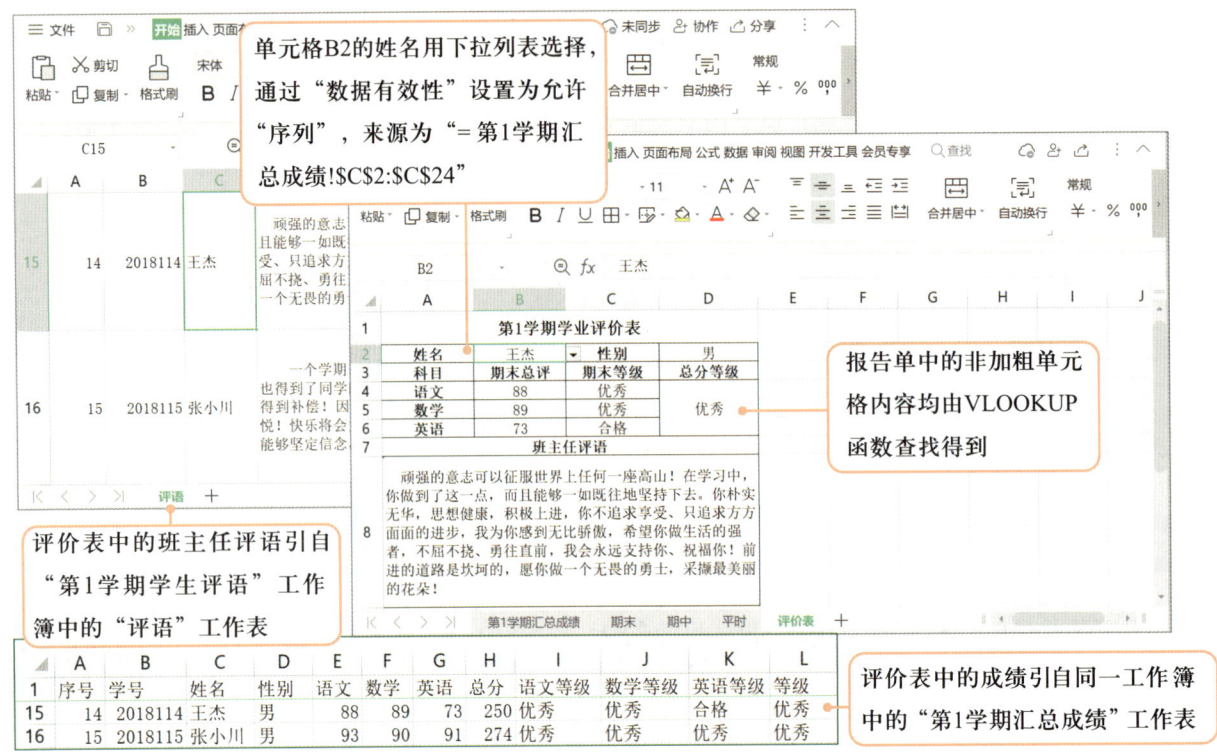

图 4-36　用 VLOOKUP 函数引用生成学业评价表

4.3 分析数据

在日常工作、生活中，人们经常需要对已有的数据进行分析，利用常用函数、分类汇总可以实现基本的数据分析，但功能相对简单，分析的结果呈现也不够形象、直观。利用图表、数据透视表，能可视化地进行数据的对比分析、结构分析和综合分析，产生新形态的数据，便于从数据中发现有意义、有价值的信息。例如，通过数据透视表对家庭日常支出的数据进行综合分析，既可了解每个家庭成员的开支情况，又可了解每个消费项目的开支情况。

> **学习目标**
>
> - 理解图表、数据透视表等数据分析工具的作用，会使用其分析数据；
> - 掌握使用图表分析数据，生成直观形象的数据图表的方法；
> - 掌握使用可视化分析工具，生成数据透视表和透视图的方法。

任务1　使用图表

图表可以直观、形象地表示数值大小及变化趋势等，这是普通的文字和表格数据所无法实现的。图表有多种类型，如柱形图、折线图、饼图、条形图、面积图、股价图和雷达图等，而每一种类型的图表又有多种不同的表现形式。下面以常用的几种图表为例进行介绍。

1. 柱形图

柱形图用于显示一段时间内数据的变化或显示项之间的比较情况。在工作表中以列或行的形式排列的数据可以绘制为柱形图。柱形图通常沿水平轴显示类别，沿垂直轴显示值。例如，从图4-37中，可以直观地看出各种发电方式的发电量对比，不难发现火力发电提供了主要的电力产能。

2. 折线图

折线图用于显示随时间而变化的连续数据。在折线图中，类别数据沿水平轴均匀分布，数值数据沿垂直轴均匀分布。折线图可在均匀按比例缩放的坐标轴上显示一段时间的连续数据，因此非常适合显示相等时间间隔（如日、月、季度或会计年度、工作节点等）下数据的变化趋势。例如，从图4-38中，可以直观地看出几天内的气温变化。

季度	风力/(亿千瓦·时)	火力/(亿千瓦·时)	水力/(亿千瓦·时)	太阳能/(亿千瓦·时)
第一季度	1 025.8	11 700.6	1 977.3	308.1
第二季度	980.5	11 861.3	2 918.6	345.8
第三季度	662.7	13 440.6	3 798.3	324.3
第四季度	979.2	13 346.3	2 581.4	266.1

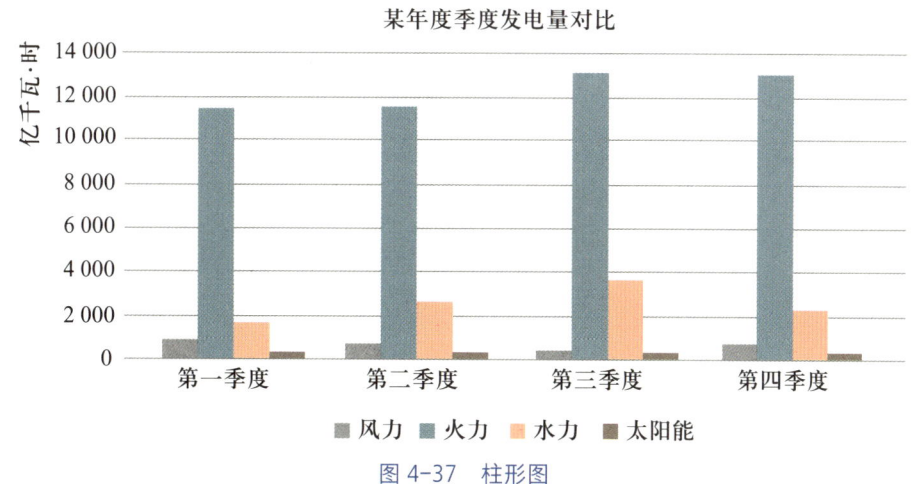

图4-37　柱形图

4.3　分析数据　33

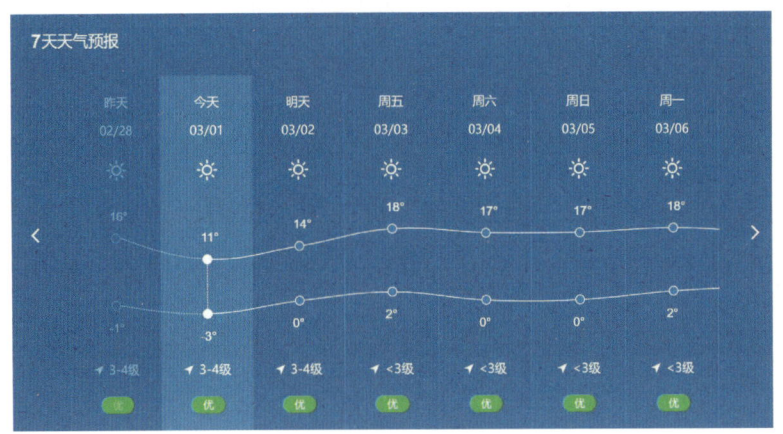

图 4-38 折线图

3. 饼图

饼图用于显示一个数据系列中各项的大小与各项总和的比例，适用于显示一个整体内各部分所占的比例。当只有一个数据系列，数据中的值没有负数和零值，数据类别适量并且这些类别共同构成一个整体时，可考虑使用饼图。例如，从图 4-39 中，可以直观地看出火力发电占发电总量的比例很高，太阳能发电所占比例相对较低。

类型	火力发电	水力发电	风力发电	核能发电	太阳能发电
发电量/(亿千瓦·时)	51 652.462 72	11 534.669 15	3 578.247 21	3 485.398 48	1 171.322 44

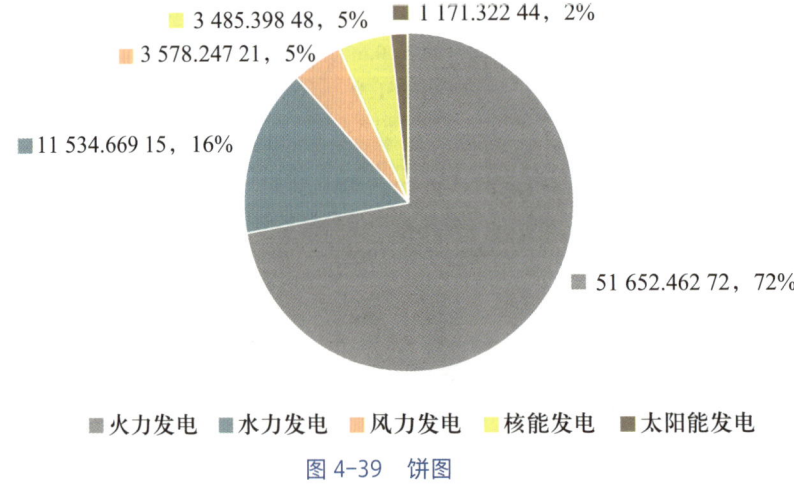

图 4-39 饼图

实践体验

销售图表分析

素材及资源

对吉梅汽车的月销售情况进行图表分析。根据工作簿"销售情况"中的数据,制作"销售计划完成情况月份对比"簇状柱形图。

① 创建簇状柱形图。选择单元格区域"A2:A14""E2:E14""G2:G14""I2:I14",创建簇状柱形图,如图4-40所示。

> 选择不连续区域可先按住 Ctrl 键,再选取单元格、行、列或拖动鼠标框选区域。

② 修改柱形图。单击"图表元素"按钮,选择要显示的图表元素,并修改图表标题、坐标轴标题,调整重叠的数据标签位置,如图4-41所示,效果如图4-42所示。

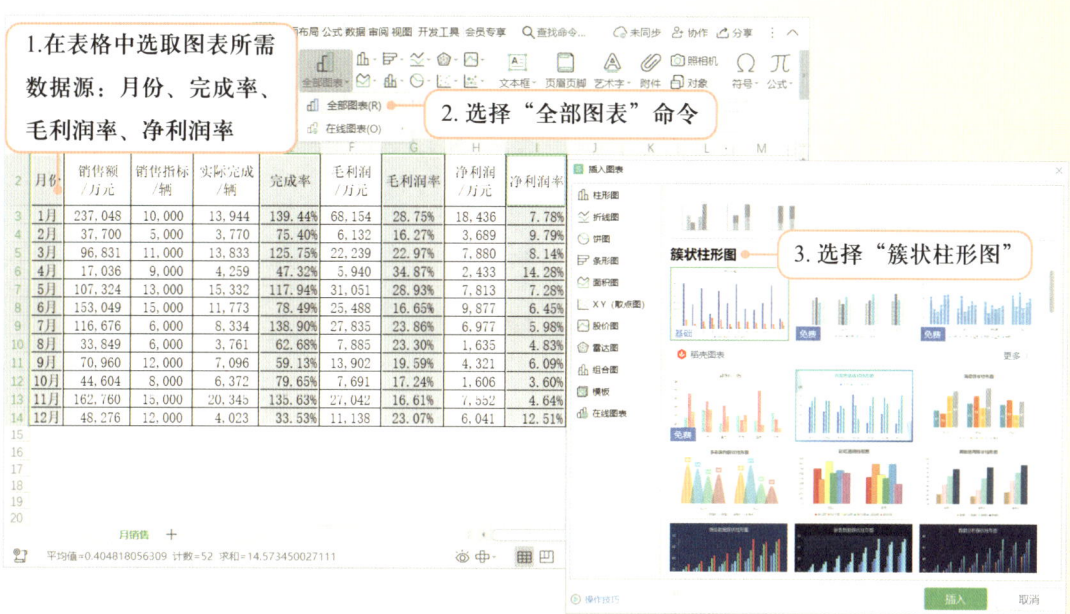

图 4-40 创建簇状柱形图

4.3 分析数据　35

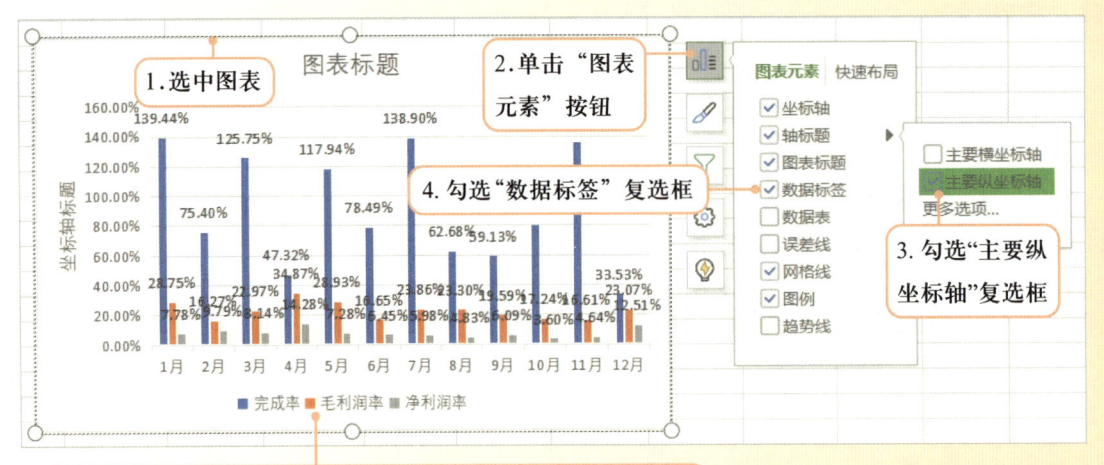

图 4-41 修改图表元素

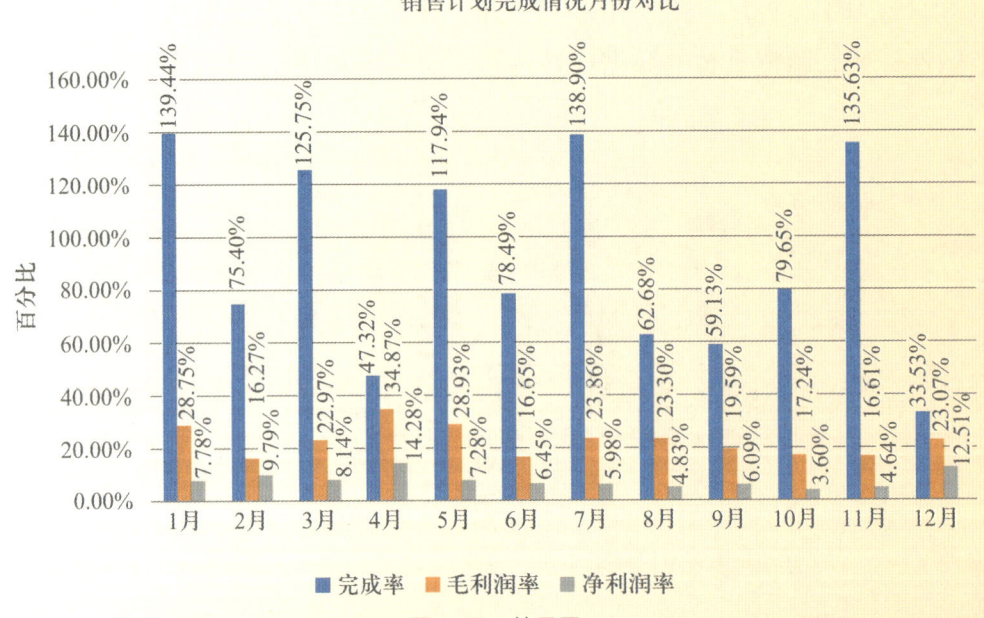

图 4-42 效果图

如果修改工作表中的数据，图表中的图形会自动随之变化。

③ 筛选数据。选中图表，单击"图表筛选器"按钮，在类别数据中去除"完成率"。

讨论与交流

柱形图、折线图和饼图分别适合分析比较哪种类型的数据？

巩固提高

参考制作柱形图的方法，尝试用其他类型图表对吉梅汽车的销售数据进行分析。

根据工作簿"销售情况"，用折线图表示各月份毛利润和净利润对比，用饼图表示销售额月份占比，用雷达图表示各月份销售指标完成情况，如图4-43所示。

素材及资源

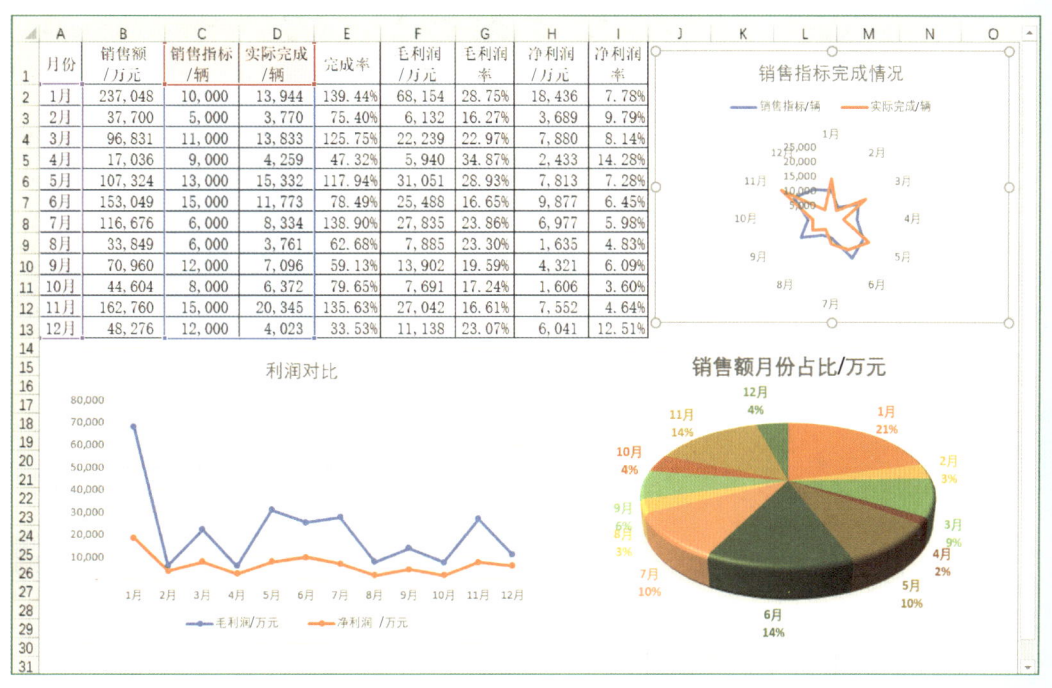

图 4-43　销售情况的图表分析

任务2　使用数据透视表和透视图

数据透视表是汇总、浏览和呈现数据的高效工具，便于对数据进行综合分析。数据透视表灵活度高，并且可以根据需求快速调整结果的显示方式，可以实现对多个字段同时进行分类汇总。还可以根据数据透视表创建数据透视图，此透视图将随数据透视表的

4.3　分析数据

变化自动更新。

例如，图 4-44 中呈现的是一张简单的个人支出记录表和基于该表的数据透视表和数据透视图。单元格 F6 中汇总的是九月文具消费金额，从左侧的个人支出记录表中可以发现九月有两笔文具消费记录。单元格 F7 中汇总了九月的所有支出金额，J6 汇总了九月至十二月的文具消费金额，J7 汇总了所有支出的总额。

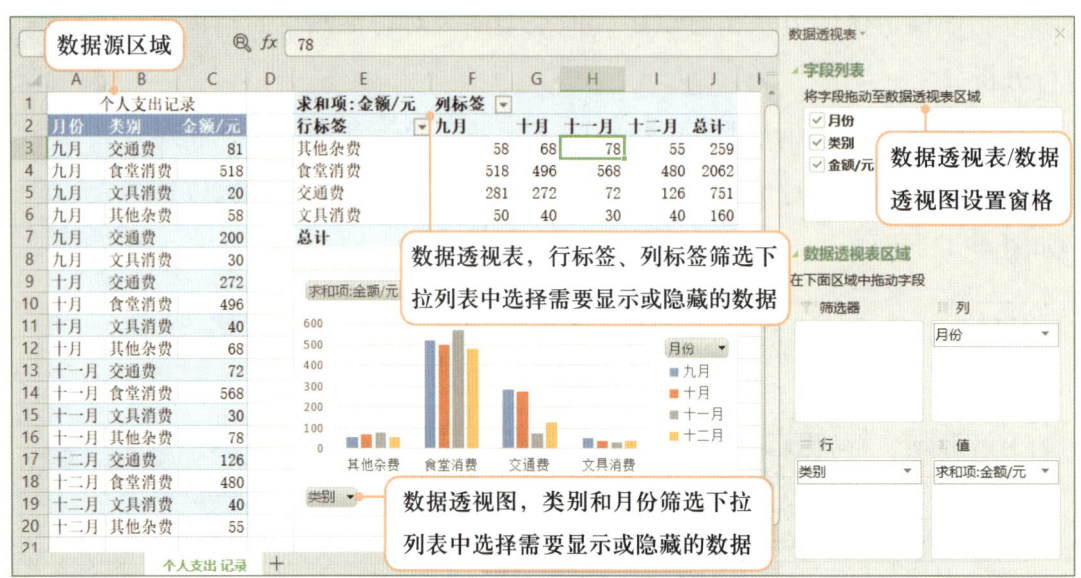

图 4-44　数据透视表和数据透视图示例

分析家庭日常支出

用分类汇总进行统计时需要先根据分类字段对数据表进行排序，操作比较麻烦，而利用数据透视表可以快速地实现汇总分析功能，并根据需要可以同时创建数据透视图。

1. 用数据透视表分析家庭日常支出

① 打开工作簿"家庭日常支出"。

② 将光标定位在数据区域任意一个单元格，单击"插入"→"数据透视表"按钮，在弹出的"创建数据透视表"对话框中，系统自动识别数据源区域，可根据需要自行修改数据源（如需引用外部数据可在此对话框中选择）和数据透视表放置的位置，如图 4-45 所示。

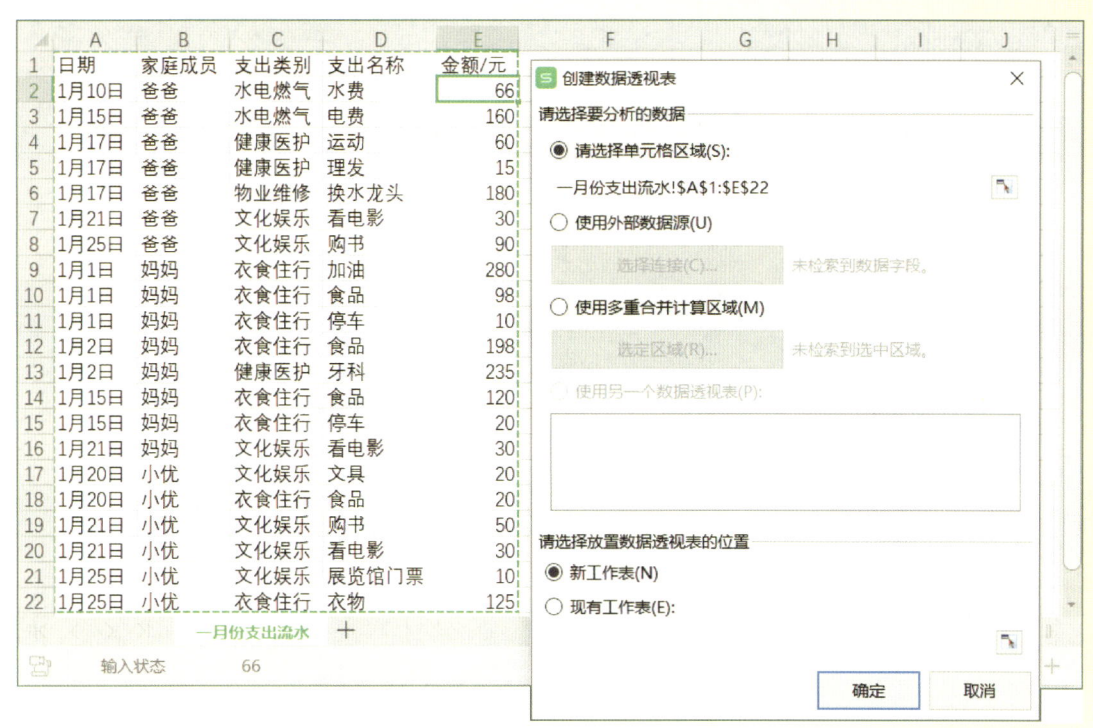

图 4-45 创建数据透视表

③ 单击"确定"按钮后,在新的工作表中出现空白的数据透视表和"数据透视表"窗格,创建"家庭日常支出分析"数据透视表,如图 4-46 所示。

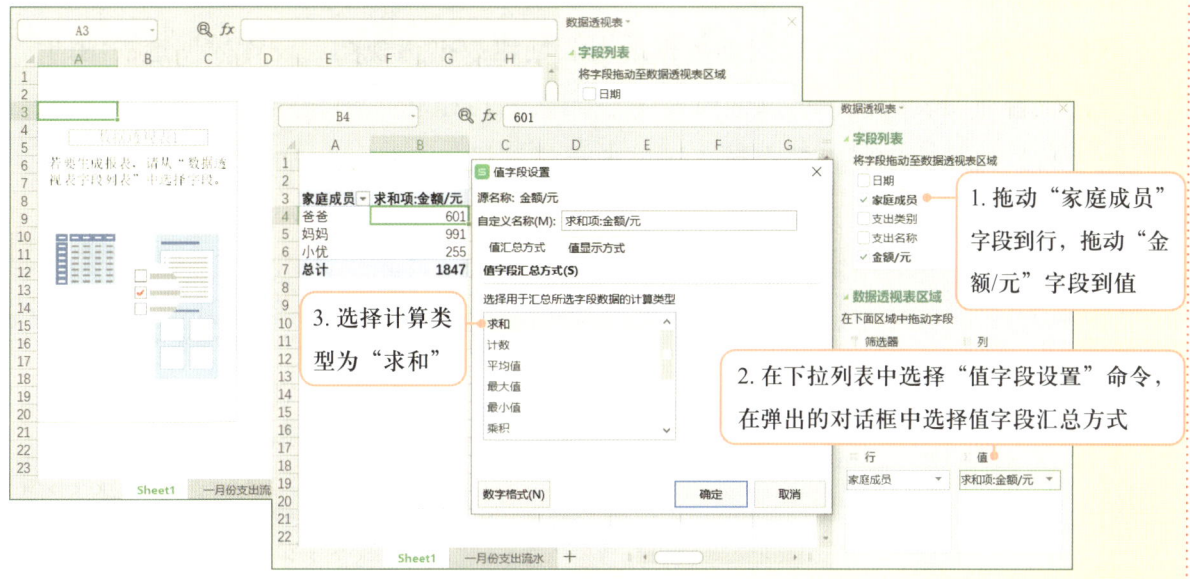

图 4-46 设置数据透视表字段

④ 按支出类别统计每位家庭成员及家庭总支出。把"支出类别"和"支出名称"字段拖动到行,把"家庭成员"字段拖动到列,把"金额／元"设置为求和项并拖动到值,结果如图 4-47 所示。

4.3 分析数据　39

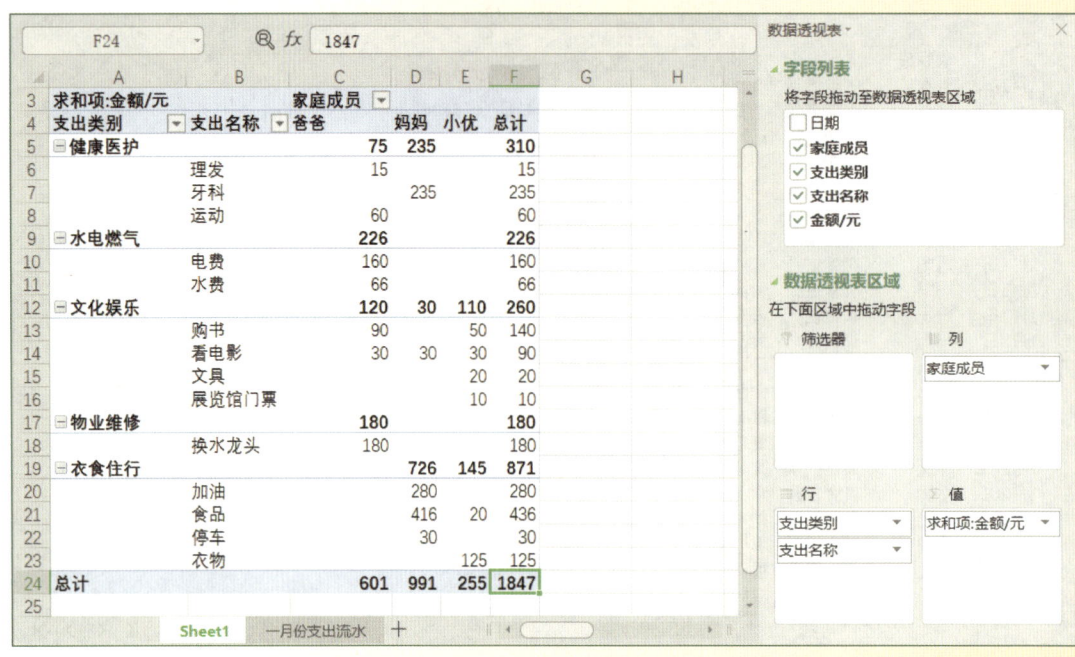

图 4-47　按支出类别统计每位家庭成员及家庭总支出

⑤ 美化数据透视表。单击"设计"选项卡下的"数据透视表样式"下拉按钮，选择合适的数据透视表样式，如"数据透视表样式浅色 8"。

2. 创建数据透视图

单击数据透视表，在字段列表中取消选中"支出名称"，单击"分析"选项卡下的"数据透视图"按钮，可以根据数据透视表创建数据透视图。设置数据透视图的方法与设置普通图表类似，可以通过"图表元素"按钮和"图表样式"按钮进行设置。图表数据的筛选功能直接在图表区域内提供了设置按钮，更加直观，如图 4-48 所示。

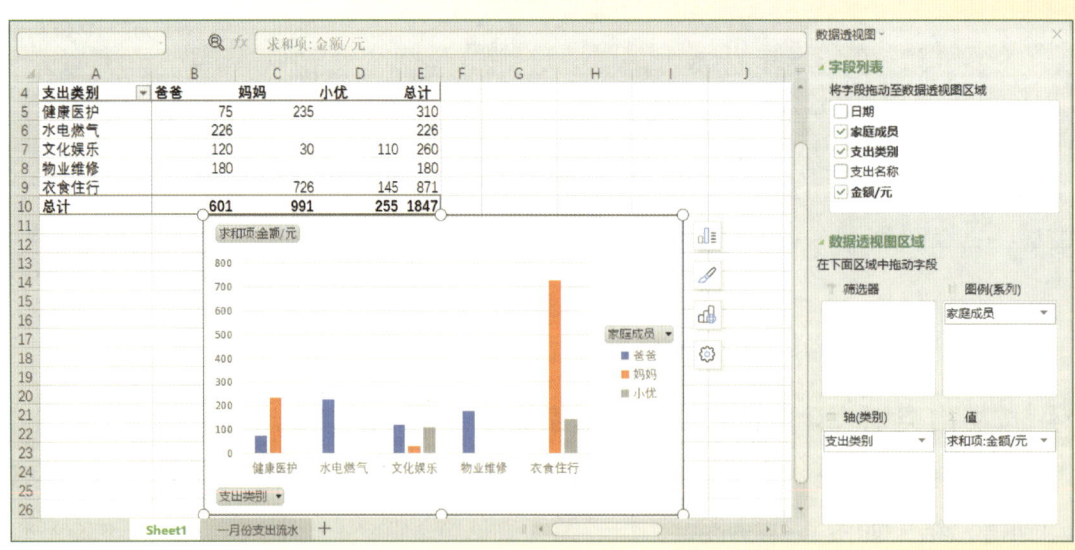

图 4-48　家庭日常支出数据透视表和数据透视图效果

数据透视图是数据的另一种表现形式，与数据透视表不同的地方在于它可以选择适当的图形和多种颜色来描述数据的特性，能更形象地表现数据情况。

3. 撰写分析报告

撰写分析报告主要是为了解读数据透视表和数据透视图中蕴含的信息，陈述要点。例如，每位家庭成员的支出与家庭总支出，每月每位家庭成员的支出与家庭支出，每月每类支出的情况，每月每个家庭成员每类的开支情况，支出最多的类别是什么？支出最多的家庭成员是谁？通过进一步的分析，可以考虑采取什么办法节省开支。

如果不用数据透视表工具，如何手工制作类似"按支出类别统计每位家庭成员及家庭总支出"数据透视表的数据分析表。

巩固提高

根据工作簿"运动会成绩"，利用数据透视表和数据透视图分析各学部的团体积分和个人积分差异，如图4-49所示。

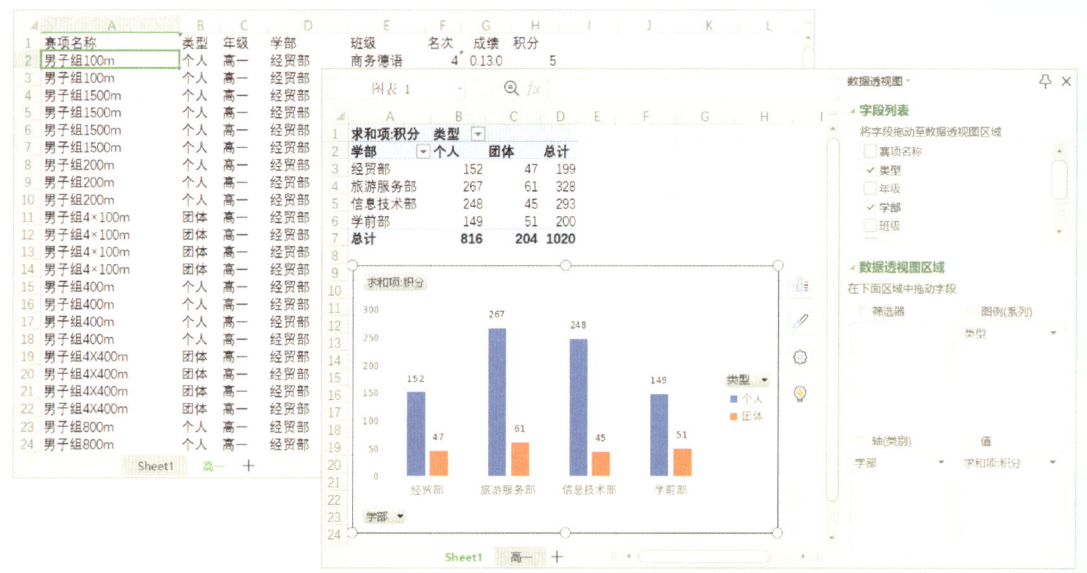

图4-49 运动会成绩数据透视表和数据透视图效果

4.3 分析数据

探究与合作

1. 组合图表

通常在同一图表中,各个序列的图表类型是统一的,利用组合图表可以实现为每一序列指定独立图表类型。

尝试自定义组合图表,把吉梅汽车月销售情况的"净利润率"设置为折线图,在次坐标轴中显示,"销售额"按簇状柱形图显示,如图4-50所示。

2. 在线数据分析

在线数据分析也称联机分析处理,是一种新兴的软件技术,能快速灵活地进行数据的复杂查询处理,提供可视化的交互操作界面。一些问卷系统也提供对问卷数据进行在线分析的工具,专业的在线数据分析平台则提供了功能强大的数据采集、数据分析等功能,为使用者提供决策依据。

尝试选用一个在线数据分析平台,如BDP在线数据分析平台进行数据的导入、分析和导出。

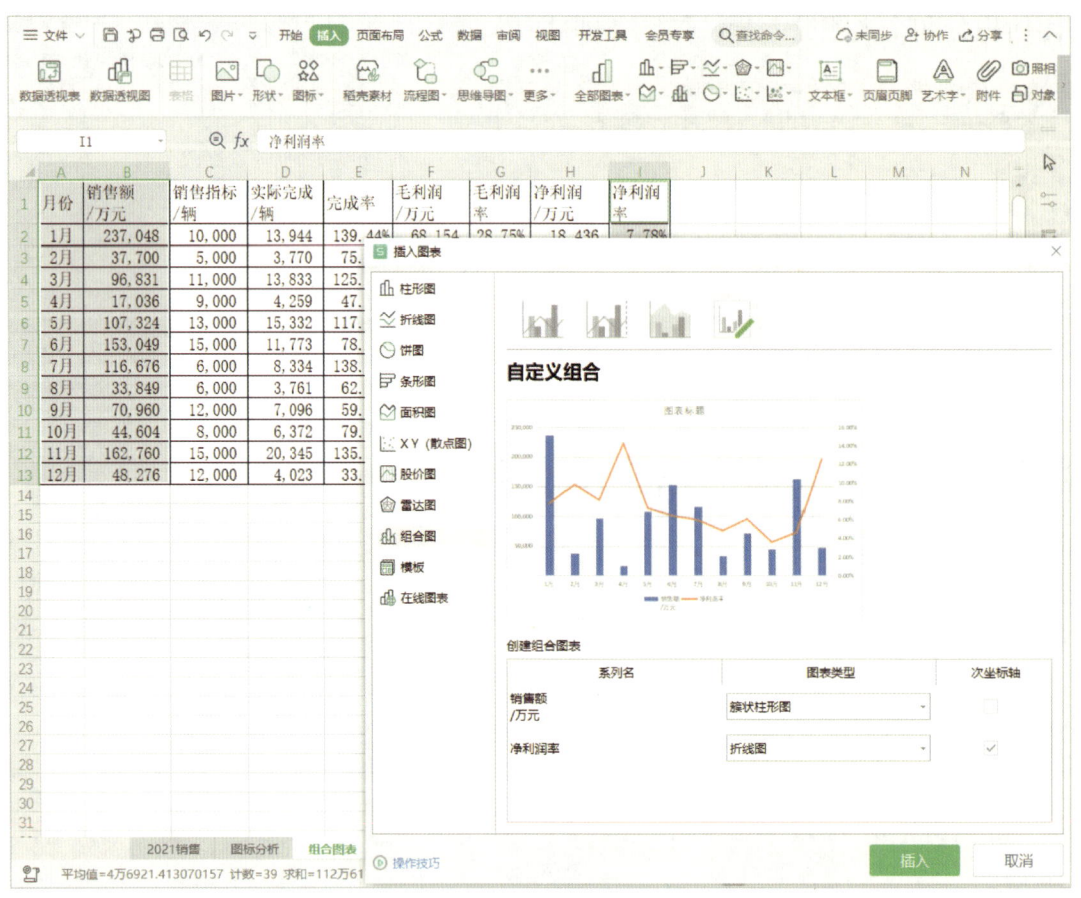

图4-50 组合图表

4.4 初识大数据

在日常工作、生活中，数据伴随着每一个人。在本单元前面部分介绍了数据的采集、加工和分析，这些数据基本是结构化的，大数据与其相比不仅在规模上不同，在采集方式，特别是分析方法上也有着明显的差别。例如，数据全样本（或接近全样本）采集，通过大数据处理技术挖掘其内在价值。大数据是对万物及物与物之间普遍联系的数字量化。

> **学习目标**
>
> - 了解大数据的基础知识；
> - 了解大数据采集与分析的相关技术；
> - 了解大数据的应用场景。

任务　了解大数据

1. 大数据的基础知识

从技术的角度看，大数据指的是传统数据处理应用软件不足以处理的大规模或复杂的数据集。从资源的角度看，大数据指的是海量、高速增长和多样化的信息资产。大数据具有数据体量大、数据类型多、数据产生的速度快、数据价值密度低等特征。

① 数据体量大，指存储的数据能达 TB（1 TB=1 024 GB）、PB（1 PB=1 024 TB）、EB（1 EB=1 024 PB）、ZB（1 ZB=1 024 EB）级，未来会更大，目前全球每年总的数据量已达 ZB 级。

② 数据类型多，指存储的数据包含结构化数据、半结构化数据及非结构化数据等形式。

③ 数据产生的速度快，指大数据通过多维度的自动采集和记录，积累速度快，并具有一定的流动性，如交通视频监控数据。

④ 数据价值密度低，指大数据蕴含着大价值，但这种价值需要通过专业的技术手段

加以处理才能发现,如同现实世界中只有通过专业的技术手段才能探明矿藏一样。

2. 大数据采集与分析的相关技术

要从海量的数据中发现价值,取决于大数据分析与数据挖掘的能力。随着计算机运算能力、数据采集与存储技术的持续改进,大数据分析与数据挖掘能力得到迅猛发展,使得先前未知或应用价值不明确的信息被发现和利用。

大数据处理主要是指从海量数据中获取需要的信息并进行加工分析得到有用的知识,通常在大数据管理平台上进行。大数据处理流程一般包括四大步骤:数据采集与预处理、数据存储、数据挖掘及数据呈现,如图 4-51 所示。

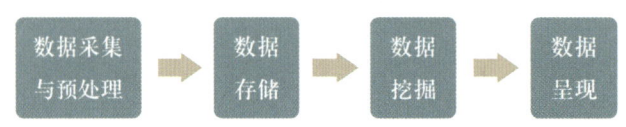

图 4-51 大数据处理流程

(1) 数据采集与预处理

数据采集指从传感器或其他采集设备中获取数据。采集的数据包括实时数据和非实时数据,如道路监控、环境温度监测、网页浏览、在线支付、股票交易、外卖订购、出行租车等过程中产生的数据,均可以被审慎、客观地采集并记录到文件、数据库或数据仓库中。采集的数据维度越多、越密集,大数据潜在的价值越大。

数据预处理的内容很多,此处主要指数据清洗,即消除在数据采集的过程中由于人为疏忽、设备异常或采样方法不合理等因素造成的数据误差、数据遗失、数据重复等不同类型的问题数据,提高数据质量和完整性。

(2) 数据存储

大数据的存储需要分布式文件系统和分布式数据库的支持。传统的关系数据库不能有效地满足大数据中半结构化及非结构化数据的存储与索引处理。NoSQL(Not Only SQL)泛指非关系型数据库,是大数据存储中常用的数据库。NoSQL 数据库主要有三类:面向高性能读写的数据库、面向文档的数据库及面向分布式计算机的数据库。

(3) 数据挖掘

通过数据挖掘可以发掘先前未知且潜在有用的信息模型或规则,进而产生有价值的信息和知识,帮助决策者做出适当的决策。数据挖掘所处理的问题类型大致可以分为分类、预测、聚类及关联规则四种。

① 分类，指通过观察大量数据后得出规则以建立类别模式，将数据中各属性分门别类地加以定义。例如，智能手机中的相册自动分类。

② 预测，是利用历史数据来预测未来可能发生的行为或现象。例如，根据以往的气象数据预测天气、利用用户搜索历史预测旅游景点的游客人数等。

③ 聚类，是根据相似度将数据区分为不同聚类，使同一聚类内的个体距离较近或变异较小，不同聚类间的个体距离较远或变异较大。例如，根据客户的网络浏览习惯推送个性化内容。

④ 关联规则，旨在发现哪些行为或现象总是一起发生。其典型例子是购物篮分析，从中发现交易数据库中不同商品之间的关系，找出顾客购买行为模式，分析结果可以应用于商品货架布局、存货安排等。

（4）数据呈现

也称数据展示或数据可视化，是指大数据的可视化技术，能够帮助人们有效理解数据，最终真正利用好大数据。从数据展示的角度来看，可视化技术可以分为数据的结构可视化、功能可视化、关联关系可视化和发展趋势可视化。

例如，查询公交车距离乘客多远，体验大数据呈现。在地图软件中输入起点和终点的位置，点击"搜索"按钮就可以获得所需的公交方案。实时公交信息系统能够反馈公交车辆的运行情况，提升乘客的出行效率，如图4-52所示。

3. 大数据与物联网的关系

物联网产生大数据，大数据助力物联网。物联网数据本身就是一种大数据，是通过大量传感器收集的。数据的分析、处理必须跟上物联网的节奏，所以，物联网推动了大数据的发展。以空气质量监测系统数据采集为例，在城市的不同位置安装监测系统，定时向管理部门报告空气质量，这就是物联网的应用。当监测点增多后，就会收集到更多的数据，从而更便于发现一些规律并做出预报，这是利用大数据的技术手段实现的。

4. 大数据应用场景

随着大数据技术的飞速发展，大数据应用已经融入各行各业。例如，大数据在金融服务领域可以用于风险分析和管理、客户忠诚度分析、交易监管等；在公共领域可以用于网络安全、能耗管理等；在医疗健康领域可以用于药品发现和开发分析、患者护理质量分析、健康保险、医疗设备供应链管理等；在零售领域可以用于市场和用户分析、预测销售等；在环保领域可以用于空气质量监测、排污管理等。

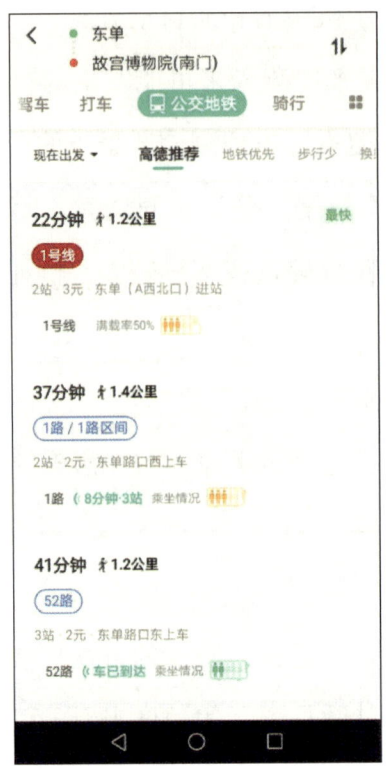

图 4-52　实时公交信息查询软件

调查身边的大数据应用，并讨论利用大数据应遵循哪些原则？

超市商品位置摆放的优化

通过超市的购物篮分析，可以找出潜在有用的商品间的关联规则。假设，顾客1买了啤酒、纸尿裤、洗洁精，顾客2买了奶粉、啤酒、纸尿裤，顾客3买了啤酒、纸尿裤、汽水、苹果，从这3位顾客的购物情况可以看出，把啤酒和纸尿裤摆在一起销售，可以方便顾客购买，同时可以推测出顾客是位年轻的爸爸。从3笔交易中可以直观看出商品之间的关联性，但要从成千上万次的交易中找出哪些商品具有最高的关联度就需要通过一定的方法来处理分析。

下面，体验一下如何根据销售记录来分析商品之间的关联性。

1. 分析原始数据

某商场销售单和销售记录表存储在二维表格中，为原始数据，见表 4-1 和表 4-2。

表 4-1　某商场销售单

销售单号		23001		销售日期		2023-3-14	
类别编号	类别	商品名称	单价/元	规格	数量	金额/元	
A01	奶粉	康康奶粉	60.00	罐	2	120.00	
B06	啤酒	星星啤酒	5.00	瓶	3	15.00	
A02	牛奶	青青牛奶	135.00	箱	1	135.00	
C12	花生	甜甜花生	30.00	包	1	30.00	
					应收	300.00	

表 4-2　销售记录表

单号	销售日期	类别编号	类别	商品名称	单价/元	规格	数量	金额/元
23001	2023-3-14	A01	奶粉	康康奶粉	60.00	罐	2	120.00
23001	2023-3-14	B06	啤酒	星星啤酒	5.00	瓶	3	15.00
23001	2023-3-14	A02	牛奶	青青牛奶	135.00	箱	1	135.00
23001	2023-3-14	C12	花生	甜甜花生	30.00	包	1	30.00
23002	2023-3-15	B06	啤酒	远山啤酒	5.00	瓶	5	25.00
23002	2023-3-15	C12	花生	美美花生	36.00	包	2	72.00
23002	2023-3-15	D02	牙膏	晶亮牙膏	38.00	支	2	76.00
23003	2023-3-15	B06	啤酒	远山啤酒	5.00	瓶	2	10.00
23003	2023-3-15	A01	奶粉	康康奶粉	60.00	罐	2	120.00
23004	2023-3-15	A02	牛奶	青青牛奶	135.00	箱	2	270.00
...								

2. 提取关联信息

为了分析两种商品的关联度，先根据销售单数据来提取信息，在同一张销售单中的商品认为是关联的，表 4-1 所示的销售单中的 4 件商品有关联，可以把提取的关联信息记录在商品关联记录表中，见表 4-3，两件商品中编号小的作为商品编号 1，编号大的作为商品编号 2。为了方便分析，本例中关联度统一设置为 1，销售单号为 23001 的 4 件商品产生 6 条关联记录，销售单号为 23002 的 3 件商品产生 3 条关联记录，销售单号为 23003 的 2 件商品产生 1 条关联记录，销售单号为 23004 的 1 件商品不产生关联记录。

表 4-3　商品关联记录表

销售单号	商品编号 1（小）	商品编号 2（大）	关联度
23001	A01	B06	1
23001	A01	A02	1
23001	A01	C12	1
23001	A02	B06	1
23001	B06	C12	1
23001	A02	C12	1
23002	B06	C12	1
23002	B06	D02	1
23002	C12	D02	1
23003	A01	B06	1
…			

3. 统计关联数据

根据表 4-3，可以利用分类汇总等方法统计出商品关联数据，见表 4-4，也可以用图表来分析呈现。

表 4-4　商品关联统计表

商品编号 1（小）	商品编号 2（大）	关联次数
A01	A02	1
A01	B06	2
A01	C12	1
A02	B06	1
A02	C12	1
B06	C12	2
B06	D02	1
C12	D02	1
…		

可以看出类别编号为 A01 的奶粉和类别编号为 B06 的啤酒、编号为 B06 的啤酒和编号为 C12 的花生关联次数多。

4. 决策应用

根据商品的关联统计分析，以及商品的销售量、销售季节等因素可以为商场的商品位置摆放提供科学的决策，方便顾客选购，提升购物体验，提高销售量。

巩固提高

走访身边的超市，了解超市管理员是依据什么来安排商品位置，根据本节所学知识，尝试提出优化方案。

探究与合作

复杂网络分析软件

如果要在列车信息表中，找出任意两个站点之间的所有乘车方案，用电子表格软件手工处理会非常困难。此时通常需要通过专用的程序来分析解决，在12306网站搜索车票信息时，平台底层就需要这一功能。尝试用一款可视化的复杂网络分析软件，如Gephi，下载列车时刻表，分析两个站点之间的最短旅程或最短时间等。

单元小结

本单元主要学习了数据采集、数据加工、数据分析等基本的操作技能与方法，了解了大数据的基本知识、应用场景。掌握了利用网络问卷、数据导入、格式转换等方式来采集数据，利用公式和函数、排序和筛选、分类汇总等对数据进行加工和处理，利用图表、数据透视表和透视图等对数据进行分析，体验了大数据分析的基本过程，培养了利用电子表格等数据处理工具解决具体问题的能力。

单元测试

在线测评

一、选择题

1. 下列关于电子表格中行和列的命名描述中正确的是（　　）。

　　A. 行用字母表示，列用数字表示　　　　B. 行用数字表示，列用字母表示

　　C. 行和列均用字母表示　　　　　　　　D. 行和列均用数字表示

2. 电子表格软件能处理的数据通常是（　　）。

   A. 结构化数据　　B. 半结构化数据　　C. 混合型数据　　D. 字符型和数字型数据

3. 下列关于电子表格工作簿、工作表和单元格的描述中正确的是（　　）。

   A. 工作簿、工作表和单元格是三个相互独立的数据存储单位

   B. 工作簿以文件形式存储，工作表和单元格则以表格形式存储

   C. 工作簿以文件形式存储，工作簿中可以存储工作表，工作表由单元格组成

   D. 单元格中可以存储工作表，工作表中可以存储工作簿

4. 在电子表格软件中，不能利用已有数据生成新数据的方法是（　　）。

   A. 使用函数　　B. 使用排序　　C. 使用分类汇总　　D. 使用公式

5. 一个电子表格工作簿（　　）。

   A. 只包括一个"工作表"　　　　　　B. 只包括一个"工作表"和一个"统计图"

   C. 最多包括三个"工作表"　　　　　D. 可包括若干"工作表"

6. 求和函数的名称为（　　）。

   A. SUN　　B. RUN　　C. SUM　　D. AVERAGE

7. 单元格的数字格式设置为整数，当输入"33.51"时，显示为（　　）。

   A. 33.51　　B. 33　　C. 34　　D. ERROR!

8. 函数 AVERAGE（范围）的功能是（　　）。

   A. 求范围内所有数字的平均值　　　B. 求范围内数据的个数

   C. 求范围内所有数字的和　　　　　D. 返回函数中的最大值

9. 当数值太长，不能在单元格中完全显示时，显示在单元格内的是（　　）。

   A. 一组？　　B. 一组 *　　C. ERROR！　　D. 一组 #

10. 在工作簿中，要选定多个连续的工作表，则需要按住（　　）键，然后单击需选定的第一个和最后一个工作表。

    A. Shift　　B. Ctrl　　C. CapsLock　　D. Alt

11. 在工作表中选取不连续的区域时，首先按住（　　）键，然后单击需要的单元格区域。

    A. Ctrl　　B. Alt　　C. Shift　　D. Backspace

12. 要在单元格中输入一个公式，则需要首先输入符号（　　）。

    A. =　　B. $　　C. +　　D. <>

13. A1～A10 已填有 10 个数，在 B1 中填有公式"=SUM(A1:A10)"，现在删除了第 4、5 两行，B1 中的公式（　　）。

    A. 不变　　　　　　　　　　　　B. 变为"=SUM(A1:A8)"

    C. 变为"=SUM(A3:A10)"　　　　　D. 变为"=SUM(A1:A3,A5:A10)"

14. 下列公式中与函数 SUM（B1:B4）不等价的是（　　）。

    A. SUM(B1:B3,B4)　　　　　　　B. SUM(B1+B4)

    C. SUM(B1+B2,B3+B4)　　　　　D. SUM(B1,B2,B3,B4)

15. 在单元格内不能输入的内容是（　　）。

    A. 文本　　　　B. 图表　　　　C. 数值　　　　D. 日期

16. 一个单元格的内容是 8，单击该单元格，编辑栏中不可能出现的是（　　）。

    A. 8　　　　　B. 3+5　　　　C. =3+5　　　　D. =A2+B3

17. 适合对比分析某公司三个营业点一年中每个月度销售业绩的图表是（　　）。

    A. 柱形图　　　B. 饼图　　　　C. 雷达图　　　D. 折线图

18. 适合对比分析某公司三个营业点一年中销售业绩占比的图表是（　　）。

    A. 柱形图　　　B. 饼图　　　　C. 雷达图　　　D. 折线图

19. 以下关于大数据特征的描述中错误的是（　　）。

    A. 数据体量大　　B. 数据类型多　　C. 数据价值密度高　　D. 数据产生的速度快

20. 大数据处理流程顺序一般为（　　）。

    A. 数据存储→数据采集与预处理→数据挖掘→数据呈现

    B. 数据采集与预处理→数据挖掘→数据存储→数据呈现

    C. 数据采集与预处理→数据存储→数据呈现→数据挖掘

    D. 数据采集与预处理→数据存储→数据挖掘→数据呈现

二、填空题

1. 要清除单元格中内容，可以使用_____键。

2. 将单元格 C1 中的公式"=A1+B2"复制到单元格 E5 后，单元格 E5 中的公式是_____。

3. 图表是动态的，当与图表相关的工作表中的数据发生变化时，图表会_____。

4. 在对数据分类汇总前，必须对数据区域进行_____操作。

5. 如果要筛选成绩大于 90 分或小于 30 分的学生，可以使用_____筛选。

三、操作题

1. 学校团委的陈老师想了解全校同学参与志愿者活动的情况，请设计汇总志愿者活动情况的表格，以及一份网络问卷。
2. 试比较使用手机应用、桌面软件和在线平台数据处理的优缺点。

第 5 单元

感受程序魅力
——程序设计入门

在日常学习、工作和生活中,我们经常会使用计算机处理各种问题,如在线学习、业务处理、购物支付、玩计算机游戏等,这些都离不开计算机程序。而随着云计算、大数据、人工智能、物联网、移动计算等新一代信息技术的发展,人脸识别、无人驾驶、机器人、远程医疗等智慧应用层出不穷,更加体现了计算机程序的魅力和无限潜能。

我国计算机软件技术经过多年的发展,取得了长足的进步,在国防、航天、农业、工业、旅游、医疗卫生等领域不断创新,涌现出一大批优秀计算机软件,很多国产软件走进了千家万户,如淘宝、微信、抖音等,极大地提高了人民的生活质量。但在操作系统、芯片设计软件、工业软件等基础领域还需加快发展,进一步提高。科技创新是我国实现高质量发展的必由之路,我们要加快推进科技自立自强。

本单元我们将走进程序设计这座神秘的殿堂,了解程序设计的基础知识,理解程序设计的基本思想,设计简单程序,应用简单算法解决实际问题。

小剧场

上课了,高老师拿着保温杯走进教室。今天,他并没有马上开始讲课,而是不慌不忙地说:"小信,请帮我接半杯水。"

小信一脸疑惑,但还是迅速地拿起杯子跑向水房,接了半杯水回到教室。

高老师接着说:"小信,现在你来扮演机器人,帮我把杯中的水接满。"

小信这下领悟了高老师的意思,调皮地说道:"请发指令!"

高老师笑道:"请同学们按顺序轮流给机器人小信下达指令。"

……

5.1 初识程序设计

计算机为什么能解决各类问题？这是因为其背后有一种神奇的力量——计算机程序。要让计算机帮助人类解决实际问题，就要告诉计算机应该做什么，把问题转换为计算机程序，让计算机分步骤按顺序处理。把问题转换为计算机程序的过程即程序设计，也称编程。通常，程序设计包括分析问题、设计算法、编写程序和调试运行4个步骤，如图5-1所示。本节将围绕这4个步骤学习程序设计。

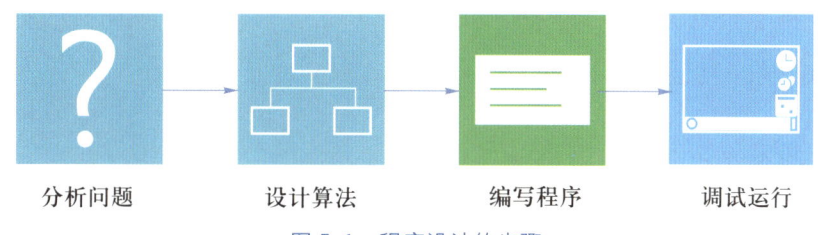

图 5-1　程序设计的步骤

学习目标

- 了解算法的基本概念和特征、计算机程序的概念和基本结构；
- 会通过分析问题设计合理的算法，并对算法进行描述；
- 了解常见主流程序设计语言的种类和特点；
- 了解 Python 的基本语法，会编写简单的 Python 程序并进行调试运行。

任务1　认识算法

分析小剧场中接水的问题，高老师跟小信对话，只要告诉他"做什么"即可，而跟机器人（计算机）对话，就必须告诉它具体"怎么做"。可分为以下几个步骤，如图5-2所示。

第 1 步：走到杯子旁边。

第 2 步：拿起杯子。

第 3 步：走到水房。

第 4 步：接满水。

第 5 步：走到桌子旁边。

第 6 步：放下杯子。

图 5-2　机器人接水

在实际对计算机下达指令时，还需要把上述步骤进一步细化，这就是计算机解决问题的过程，也是最常见的一种算法。

1. 算法的概念

算法是指按照一定规则解决某一问题的明确而有限的步骤，通俗地讲就是解决问题的方法和步骤。

例如，商场的自动扶梯有控制运行的算法，当传感器检测到有人上自动扶梯时，算法就会"告诉"自动扶梯开始运行；当传感器检测到自动扶梯上没有人时，算法就会"告诉"自动扶梯暂停运行。这样，既确保了顾客的运送，又实现了节能环保，助力碳达峰碳中和目标的实现。

2. 算法的特征

算法应具有如下重要特征。

① 确定性。算法的每一步骤都必须有确切的含义。

② 有限性。算法必须在执行有限个步骤后终止。

③ 输入项。一个算法有 0 个或多个输入项。

④ 输出项。一个算法至少要有一个有效的输出项。

⑤ 可行性。算法中需执行的每步都是可精确执行的。

一般来说，要找到解决问题的方法，首先要对问题进行分析，弄清楚问题的要求、输入的数据和需要的输出结果，找出一个恰当的解决问题的策略或方法，并且用数学方式（即数学模型）准确地描述出来，然后设计一个解决此数学模型的算法，并用适当的方式准确地描述出来。

> 实践体验

设计网购电影票显示付款金额的算法

当我们通过手机 APP 购买电影票时，如何计算付款金额呢？

1. 分析问题

APP 要计算付款金额，必须要知道电影票的单价和数量，设单价为 p，数量为 n，金额为 s，则得到计算金额 s 的公式为：

$s = p \times n$

2. 设计算法

通常，可以使用自然语言或流程图来描述算法。

（1）自然语言描述法

自然语言是人们最常用的语言，比较通俗易懂。计算并显示网购电影票付款金额，用自然语言描述算法如下。

第1步：输入电影票的单价和数量，即 p 和 n 的值。

第2步：计算金额 s 的值，即 $s = p \times n$。

第3步：输出 s 的值。

第4步：结束。

（2）流程图描述法

使用自然语言来描述算法虽然通俗易懂，但一般句子较长，有时会产生歧义，且不便翻译成计算机程序设计语言，因此在程序设计中，更多地采用流程图来描述算法。

流程图一般采用一组规定的图形符号来表示算法，见表5-1，直观形象、简洁清晰。

表 5-1 流程图常用图形符号

图形符号	名称	功能
	开始/结束框	表示算法的开始或结束
	输入/输出框	表示算法中输入或输出数据
	处理框	表示算法中要执行的处理内容
	判断框	表示算法中需要进行的判断条件
→	流程线	表示算法执行的方向
○	连接点	表示流程图的接续

网购电影票显示付款金额的算法流程图如图 5-3 所示。

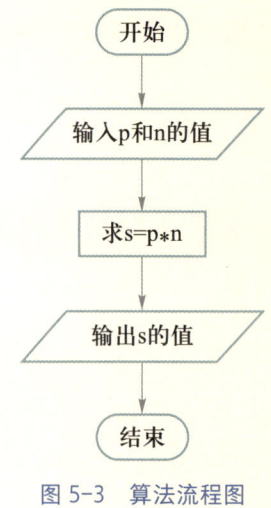

图 5-3　算法流程图

讨论与交流

通过实例，分组讨论算法在解决问题中的作用，如新生报到流程、空调节能模式控制、智能存包柜使用、智能停车场车位引导等。

巩固提高

某高速公路收费计算公式为：

收费金额 = 收费系数 × 费率 × 行驶里程

已知 19 座客车的收费系数为 1.5，费率为 0.67 元 / 千米，用流程图描述输入行驶里程计算过路费的算法。

操作提示：已知收费系数和费率，要计算过路费，只需要输入行驶里程即可根据计费公式计算。

任务 2　使用程序设计语言

根据程序设计的步骤，当我们通过分析问题，确定了解决问题的算法以后，接下来就可以让计算机按照算法来解决问题。但计算机不能识别用自然语言、流程图等描述的算法，这时就需要将算法转换为计算机能够识别的代码序列，即计算机程序。

1. 计算机程序

计算机程序是计算机能够识别和执行的指令或语句的序列,是算法的一种描述。

2. 程序设计语言

程序设计语言是编写计算机程序的语言。自 20 世纪 60 年代以来,程序设计语言已有上千种之多,经历了从机器语言到汇编语言,再到高级语言的发展历程,如图 5-4 所示。

机器语言　　　　　　汇编语言　　　　　　高级语言

 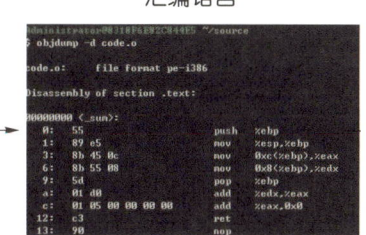 

- 特点:面向机器,由二进制0、1代码指令构成
- 优点:执行速度快
- 不足:程序编写、修改和维护困难

- 特点:面向机器,用助记符代替机器指令的操作码
- 优点:可读性相对较好,执行速度快
- 不足:开发难度大,程序不易被移植

- 特点:独立于机器,面向过程或对象,近似于自然语言
- 优点:容易阅读,易学易用,通用性强
- 不足:不能编写直接访问硬件资源的系统程序

图 5-4　程序设计语言发展历程

3. 高级语言

高级语言并不是特指某一种具体的语言,其种类繁多,如 Fortran、Basic、Visual Basic、C、C++、C#、Java、Python 等,其特点和主要应用领域见表 5-2。

表 5-2　高级语言示例

语言名称	主要特点	主要应用
Fortran	世界上第一个被正式推广使用的计算机高级语言; 执行速度快、计算性能高	科学、工程问题或企事业管理中的数值计算
Basic/ Visual Basic	简单易学; 20 世纪 90 年代推出了 Visual Basic(即图形界面的 Basic),具有可视化设计界面和事件驱动编程机制	适用面广,不仅适用于科学计算,也适用于事务管理、计算机辅助教学和游戏编程等方面
C/C++/C#	C 语言简洁,结构化,可用于多种操作系统,可移植性好; C++ 和 C# 是在 C 语言基础上开发的面向对象的程序语言,C++ 具有很好的封装、继承和多态性,C# 更加简单、安全	C 语言广泛应用于底层开发; C++ 常用于系统开发和应用开发; C# 兼顾系统开发和应用开发

续表

语言名称	主要特点	主要应用
Java	简单、动态、面向对象、分布式、安全、可移植、多线程、跨平台	编写桌面应用程序、Web应用程序、分布式系统和嵌入式系统应用程序等
Python	面向对象、动态数据类型、代码规范、库丰富； 简单易学、免费开源、可移植	广泛应用于桌面应用开发、Web应用开发、自动化运维、人工智能（深度学习、机器学习和自然语言处理等方向）、大数据、游戏开发等方面

本单元的程序案例以 Python 语言为例。

4. 程序的基本结构

根据程序执行的流程，程序可以分为以下3种基本结构，这3种基本结构可以组成各种复杂的程序。

（1）顺序结构

顺序结构是按照语句顺序执行程序，是最简单的程序结构。例如，任务1中的机器人接水，大致分为6个步骤，为顺序结构。又如，早上起床上学，按顺序完成起床、洗漱、吃早餐、到学校几个步骤，也为顺序结构。

（2）选择结构

选择结构也称分支结构，是根据给定的条件选择执行的程序语句。例如，出门是否带雨具？如果正在下雨或预计下雨，就带上雨具；否则，不带雨具。这是一个简单的选择结构，是否下雨是决定带不带雨具的判断条件。

（3）循环结构

循环结构是根据给定的条件反复执行相同的程序语句。例如，钟表中的秒针、分针和时针的旋转轨迹都是一个圆，转完一圈之后，就会回到最初的起点重新开始旋转，一直循环，但三个指针的旋转周期各不相同，这就是根据不同条件进行的循环结构。

5. Python 的基本语法

（1）变量

在 Python 中，每个变量在使用前必须赋值，使用等号"="给变量赋值，包括以下方式。

① 单变量赋值。将一个值赋值给一个变量，如 a=1。

② 多重赋值。将一个值同时赋值给多个变量，如 a=b=c=1。

③ 多元赋值。将多个值赋值给多个变量，如 a,b,c=1,2,3。

（2）常量

常量是指在程序运行过程中始终保持不变的常数、字符串等。Python 中没有专门定义常量的方式，通常使用大写变量名来表示，在使用过程中不进行修改。

（3）函数

函数是指封装好的一段程序，用于实现特定功能，可以反复执行，具有函数名、参数和返回值。

（4）运算符

运算符也称操作符，用于执行运算，包括算术运算符、关系运算符、逻辑运算符、位运算符、成员运算符和身份运算符。本节先了解算术运算符，见表 5-3。

表 5-3　Python 算术运算符

运算符	优先级	含义	举例
**	1	指数幂	2**3(2 的 3 次方)
*、/、%、//	2	乘、除、取余、取整除（返回商的整数部分）	3*2、3/2、3%2、3//2
+、−	3	加、减	3+2、3−2

（5）表达式

表达式是由常量、变量和函数通过运算符连接起来的有意义的式子，如 a*(b+2)。

（6）语句

在 Python 中，一行代码表示一条语句，如 print("Python") 语句表示输出文字"Python"。

如果要将一条语句分成若干行，可以在一行的尾部使用多行连接符"\"，再在下一行继续输入同一条语句，但当语句中包含"[]""{}"或"()"三种括号时，不需要使用多行连接符。

（7）注释

通常在程序代码中应该添加必要的注释，便于对程序的阅读和理解。Python 程序注释使用"#"，"#"后面的内容都会被作为注释，不会被执行。注释可以单独一行，也可以放在一条语句的末尾。如果需要注释若干行，也可以使用多行注释符，一般用三对单引号或三对双引号，之间包含的内容都会被作为注释。

实践体验

编写网购电影票显示付款金额的 Python 程序

上一任务我们设计了网购电影票显示付款金额的算法,接下来将编写计算机程序并进行调试运行。

1. 编写 Python 程序

根据算法和 Python 语法,显示付款金额的 Python 程序代码如下。

```
# 输入单价和数量
p = float(input(" 请输入单价: "))
n = int(input(" 请输入数量: "))

s = p * n  # 计算金额

print(" 应付金额: ", s)
```

 提示

① input 函数的功能是获取用户通过键盘输入的数据,float 函数是将整数和字符串转换为浮点数,int 函数是将数字或字符串转换为整数。

② 代码中的空格使用规范:赋值符号"="前后各有一个空格;所有二元运算符(有两个操作数)应使用空格与操作符分开;语句中间的逗号、分号、冒号前面不需要空格,后面加一个空格。

③ 程序代码中使用空行将逻辑相关的代码段加以分隔,以提高可读性。

2. 调试运行程序

调试和运行 Python 程序通常有两种方式:一种是使用交互式运行编程环境,另一种是使用第三方集成开发环境(IDE)工具,两种方式均需要搭建 Python 环境。

交互式运行编程环境产品有很多,例如,可以在官网下载并安装 Python 程序,打开 Python 自带的编辑器 Python IDLE,启动 Python Shell,使用交互方式编写和运行 Python 程序。进入 Python Shell 后,命令提示符为">>>",在该命令提示符后面可以

输入 Python 语句并按回车键运行，Python Shell 立即输出结果，如图 5-5 所示。

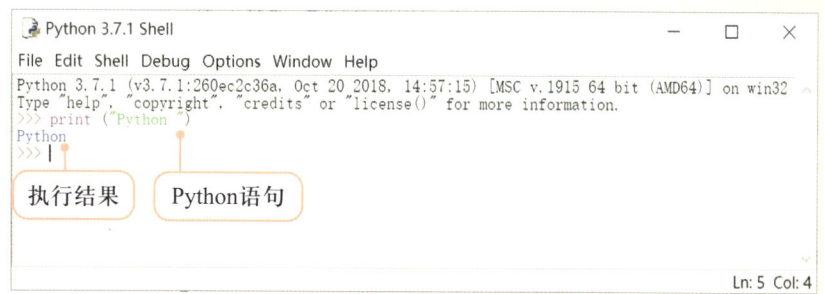

图 5-5　在 Python Shell 中执行 Python 语句

交互方式运行通常适合学习 Python 语言，如果要开发复杂的案例或实际项目，应使用 IDE 工具。本单元我们使用 IDE 开发工具 PyCharm 来调试程序。

（1）创建项目

在 PyCharm 中创建一个 Python 项目"PyStudy"用于管理 Python 源代码文件，操作方法如图 5-6 所示。

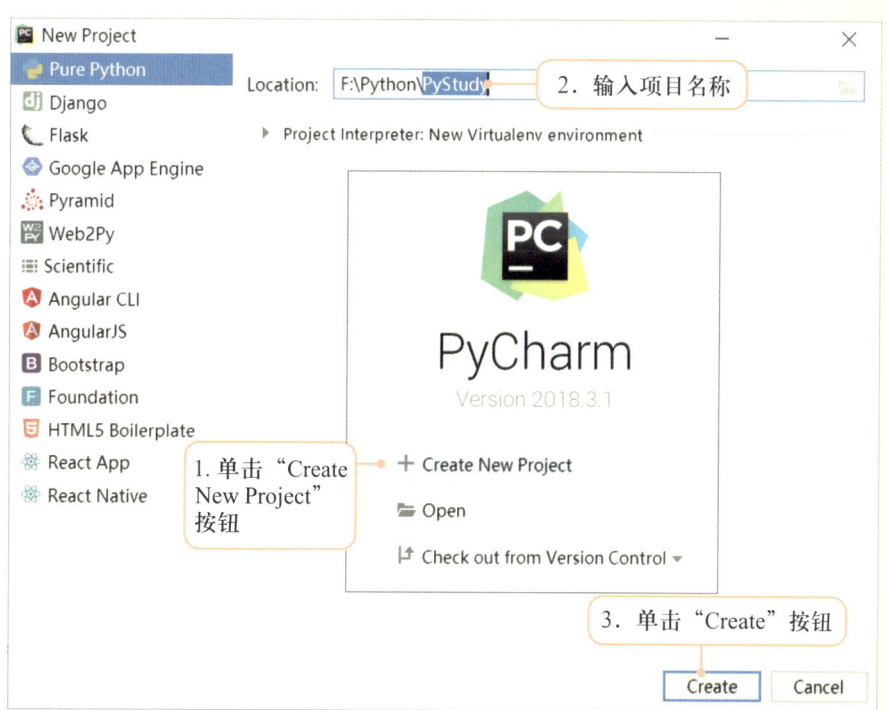

图 5-6　创建项目

（2）创建 Python 代码文件

在刚刚创建的项目中创建 Python 代码文件"pay.py"，操作方法如图 5-7 所示。

（3）编写 Python 代码

在代码编辑窗口中输入显示付款金额的 Python 程序代码，如图 5-8 所示。

5.1　初识程序设计　63

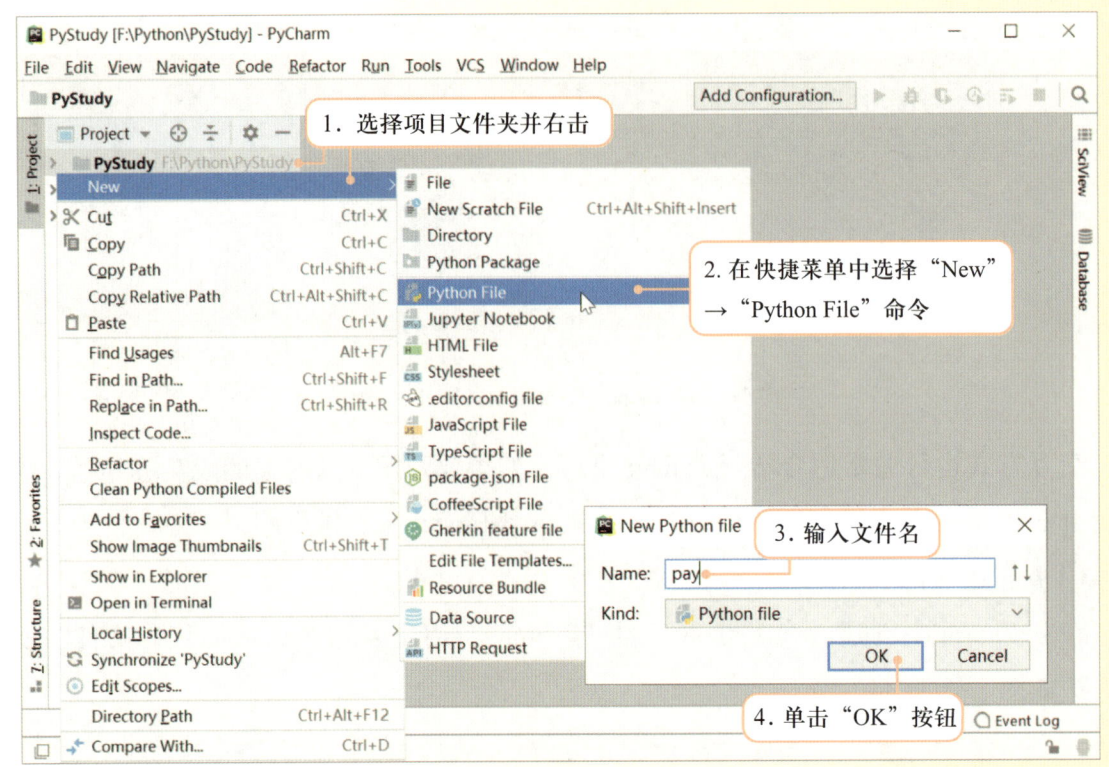

图 5-7　创建 Python 代码文件

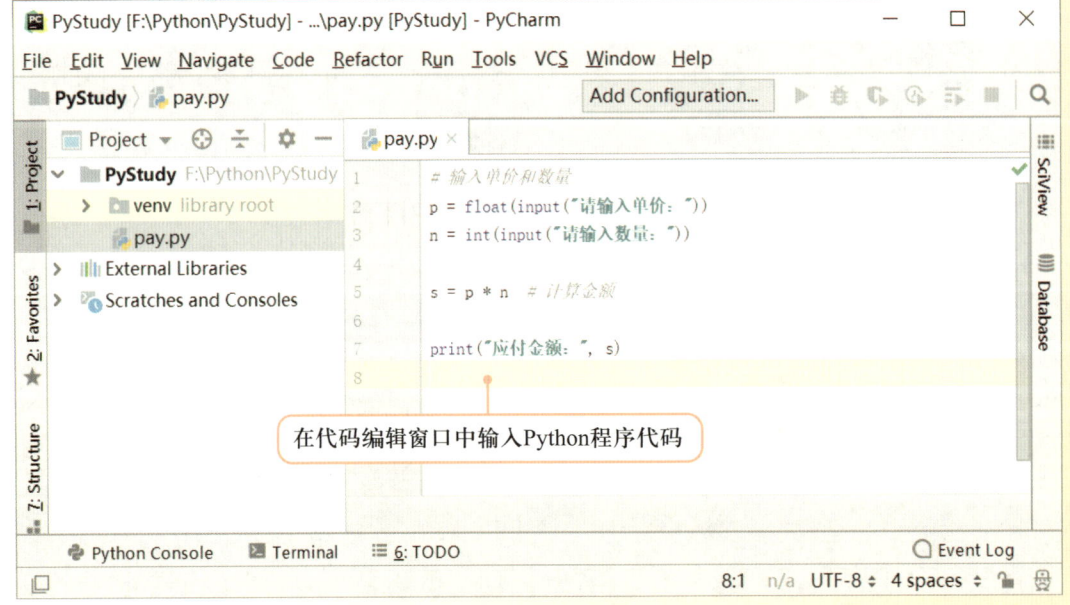

图 5-8　编写 Python 代码

（4）运行程序

程序编写完成后，如果是第一次运行，则需要使用"Run"菜单或在代码编辑窗口中使用快捷菜单，如图 5-9 所示。

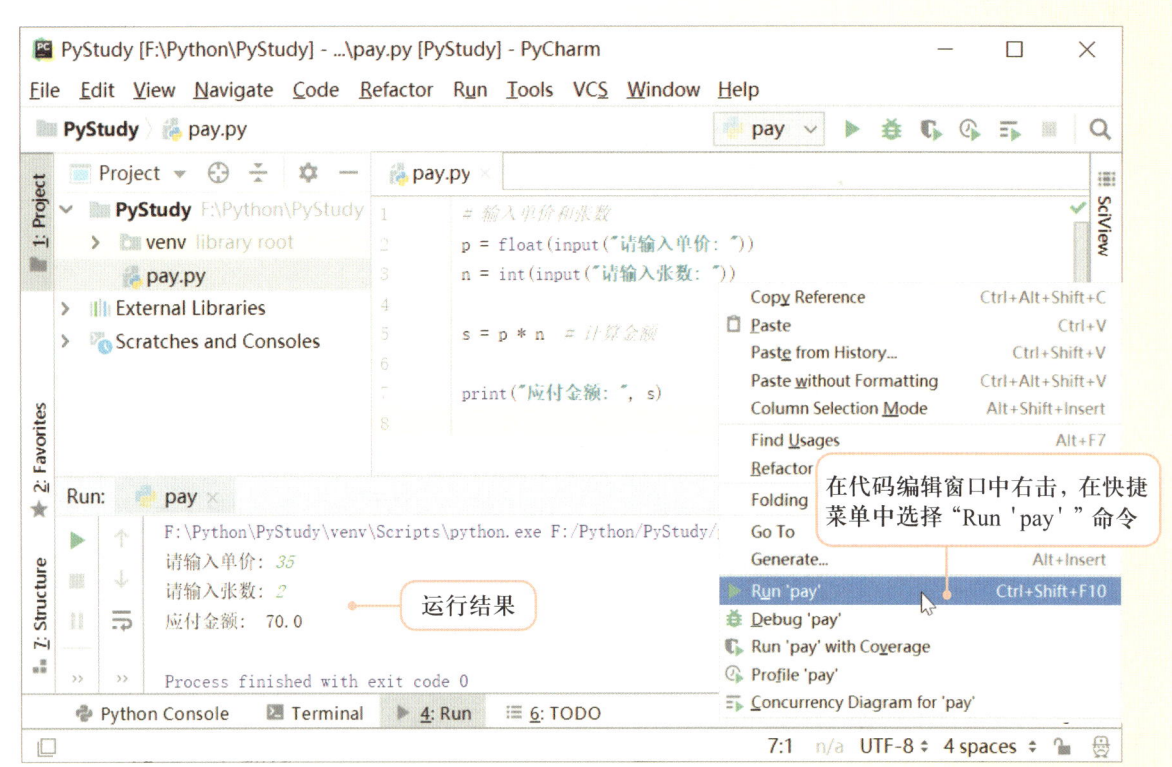

图 5-9　运行 Python 程序

 提示

如果程序已经运行过一次，也可以直接单击工具栏中的"运行"按钮▶，或在"Run"菜单中使用"Run"命令，或使用快捷键 Shift+F10 运行程序。

通过网络查阅程序设计语言的发展过程，与同学们交流以前学过的或了解的程序设计语言。

巩固提高

参照任务 1"巩固提高"中设计的高速公路收费算法编写 Python 程序并调试运行。

探究与合作

1. 寻找最佳方法

用平底锅烙葱油饼，假设烙好一面需要两分钟，平底锅一次只能放两张饼，若要三

5.1　初识程序设计　　65

张饼两面都烙好，请大家探讨操作步骤，并用自然语言描述，看看谁的方法用时最少。

2. 使用 Python Shell

尝试使用 Python Shell 编写 Python 程序文件并运行。

操作提示：启动 Python Shell 可以通过以下两种常用方式。

① 通过 Python IDLE 快捷方式。

② 在 Windows 命令提示符中使用"python"命令。

3. 使用 PyCharm

尝试使用 PyCharm 的各种调试方法调试 Python 程序。

操作提示：一般来说，程序编写完成以后应试运行，以便发现错误并及时修改，即调试程序。程序设计中容易出现的错误主要有代码编写错误、编译错误、运行错误、逻辑错误等类型。在 PyCharm 中调试 Python 程序通常要使用 PyCharm 的 debug 工具，而调试程序最常用的方法是为程序设置断点。

5.2 设计简单程序

做任何事情都要遵循一定的规则。例如，参观博物馆，就需要有预约码，并且预约码在有效期内，这两个条件缺一不可。程序设计也是如此，需要利用流程控制实现与用户的交流，并根据用户的需求决定程序"怎么做"。如果没有流程控制语句，整个程序将按照线性顺序来执行，无法完成用户想要程序"做什么"的任务。

本节将继续从实际问题出发，学习程序的选择结构、循环结构及自定义函数的应用。

学习目标

- 了解程序设计的选择结构和循环结构；
- 会设计使用选择结构和循环结构的程序；
- 了解函数的一般概念；
- 会设计自定义函数并进行调用。

任务1 使用选择结构

智能加湿器需要实时监测室内湿度，自动调节雾量；前面的汽车突然停下，无人驾驶汽车传感器快速做出反应并启动制动器；垃圾邮件过滤系统能够阻拦垃圾邮件以保证用户收件箱干净。在这些例子中，计算机都要检查一组条件：湿度是不是偏低了，汽车的行驶路线上是不是有障碍，电子邮件看起来像不像垃圾邮件。程序设计时，需要使用关系运算符、逻辑运算符及选择结构来实现判断和选择。

1. 数据类型

前面已经使用了一些数据类型，如浮点数、整数和字符串，Python有6种标准数据类型：数字、字符串、元组、列表、集合和字典。其中，元组、列表、集合和字典可以保存多项数据，通常也称"数据结构"类型。本书只涉及数字、字符串和列表数据类型，见表5-4。

表5-4 Python部分数据类型

数据类型		数据类型符	说明	举例
数字	整数类型	int	存储整数数值	50
	浮点类型	float	存储小数数值	3.14、2.15e2（e2表示10^2）
	复数类型	complex	存储复数	1+2j
	布尔类型	bool	存储逻辑值	True、False
字符串		str	存储字符串	"abc"、'12345'
列表		list	数据结构类型	[20, 10, 50, 30]

如果想在字符串中包括一些特殊的字符，如换行符、制表符等，则需要使用转义符"\"，见表5-5。

表5-5 Python转义符

字符表示	说明
\t	水平制表符
\n	换行
\r	回车
\"	双引号
\'	单引号
\\	反斜线

2. 关系运算符

关系运算符参见第 4 单元图 4-22，此处不再赘述。

3. 逻辑运算符

逻辑运算符是对逻辑表达式进行运算，其结果仍然是布尔类型数据，见表 5-6。

表 5-6 Python 逻辑运算符

运算符	优先级	含义	举例
not	1	逻辑非，将当前逻辑值取反	not 逻辑表达式
and	2	逻辑与，前后表达式均为真时，结果为真	逻辑表达式 1 and 逻辑表达式 2
or	3	逻辑或，前后表达式只要有一个为真，结果为真	逻辑表达式 1 or 逻辑表达式 2

4. 选择语句

选择语句也称分支语句，Python 的选择语句有 3 种，即 if 语句、if-else 语句和 elif 语句，同时 Python 还提供了条件表达式。

（1）if 语句

if 语句用于单分支，基本语法如下。

> if < 条件表达式 >:
>   < 语句组 >

流程图如图 5-10 所示。

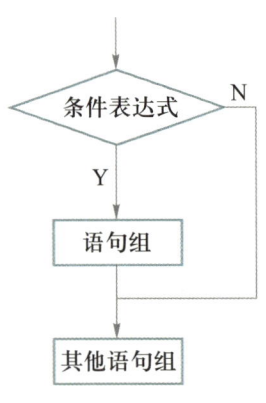

图 5-10 if 语句流程图

示例代码如下。

> if score >= 60:
>   print(" 成绩合格 ")

（2）if-else 语句

if-else 语句用于双重分支，基本语法如下。

```
if < 条件表达式 >:
    < 语句组 1>
else:
    < 语句组 2>
```

流程图如图 5-11 所示。

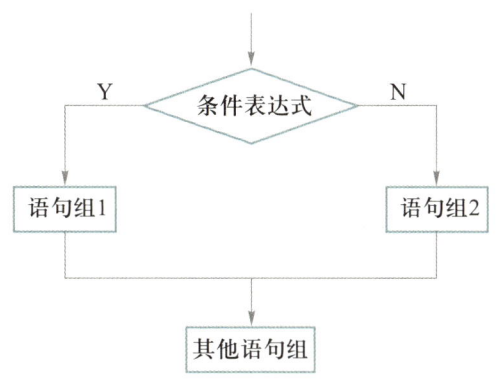

图 5-11　if-else 语句流程图

示例代码如下。

```
if score >= 60:
    print(" 成绩合格 ")
else:
    print(" 成绩不合格 ")
```

（3）elif 语句

elif 语句用于多重分支，基本语法如下。

```
if < 条件表达式 1>:
    < 语句组 1>
elif < 条件表达式 2>:
    < 语句组 2>
…
elif < 条件表达式 n>:
    < 语句组 n>
else:
    < 语句组 n+1>
```

流程图如图 5-12 所示。

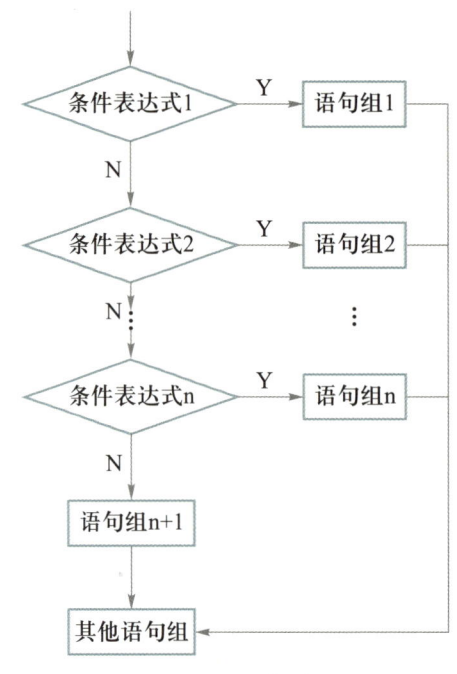

图 5-12　elif 语句流程图

示例代码如下。

```
if score >= 90:
    print(" 成绩优 ")
elif score >= 80:
    print(" 成绩良 ")
elif score >= 60:
    print(" 成绩合格 ")
else:
    print(" 成绩不合格 ")
```

elif 语句的多个分支只会执行一个语句组，其他分支的语句组都不会执行，elif 语句实际上是 if-else 语句的多层嵌套。

（4）条件表达式

Python 提供类似 if-else 语句的条件表达式，基本语法如下。

```
< 表达式 1 > if < 条件表达式 > else < 表达式 2 >
```

示例代码如下。

r = " 成绩合格 " **if** score >= 60 **else** " 成绩不合格 "
print(r)

 if-else 语句不是表达式，没有返回值。而条件表达式不仅可以进行条件判断，还有返回值。

 讨论与交流

对三种选择语句及其条件表达式进行比较，说说它们有什么区别。

 实践体验

编写模拟空调温度设定和控制的程序

夏天打开空调制冷时，当设定温度后，为了节能，空调传感器检测室内温度，当温度高于设定温度时，开始制冷，而当温度降至设定温度时，则转为通风状态，如何根据温度控制制冷还是通风呢？

1. 分析问题

假设设定温度为 $t1$，检测温度为 $t2$，模式开关为 m，当 $t2>t1$ 时，将模式开关设置为"制冷"，否则将模式开关设置为"通风"。

2. 设计算法

根据分析，将解决问题的算法用流程图描述，如图 5-13 所示。

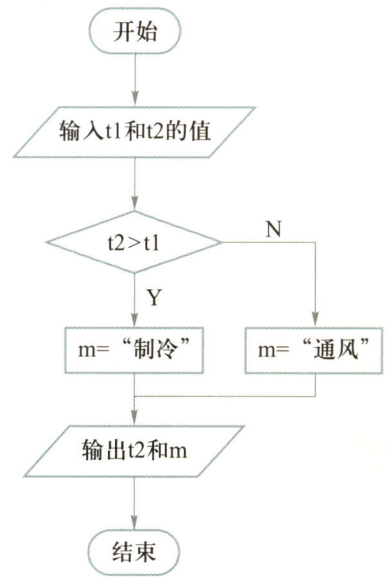

图 5-13 模拟空调算法流程图

5.2 设计简单程序

3. 编写程序

根据算法，编写如下程序代码。

```
t1 = float(input(" 请输入设定温度（℃）: "))
t2 = float(input(" 请输入检测温度（℃）: "))
if t2 > t1:
    m = " 制冷 "
else:
    m = " 通风 "
print(" 室内温度: ", t2, " 当前模式: ", m)
```

为了更加清晰显示程序的逻辑结构，在编写程序代码时应养成使用缩进的习惯。缩进通常使用 4 个空格，或使用一个制表符。

4. 调试运行程序

在 PyCharm 中输入程序代码，并进行调试运行，查看运行结果。

 讨论与交流

下面是一段模拟空调根据室内温度控制自动送风模式的程序片段（$t1$ 为设定温度，$t2$ 为检测温度），讨论并指出其中的问题。

```
if t2 > t1:
    m = " 低速风 "
elif t2 – t1 > 2:
    m = " 中速风 "
elif t2 – t1 > 5:
    m = " 高速风 "
```

 巩固提高

停车场停车收费标准为：停车时间在 1 小时以内（含 1 小时）收费 5 元，1 小时以上每小时加收 2 元，不足 1 小时按 1 小时计。试编写程序根据停车时长计算停车费用。

任务 2　使用循环结构

日常生活中很多问题都无法一次解决，如爬楼梯，需要一个台阶一个台阶往上爬。还有一些事情必须周而复始地运转才能保证其存在的意义，如城市摆渡车每天往返于火车站和长途汽车站之间，类似这种反复做同一件事的情况，称为循环。在程序设计中，要实现重复执行某些语句就需要使用循环结构。

循环结构是指程序在执行过程中，某一段代码被重复执行若干次，被重复执行的代码称为循环体，循环体能否继续重复执行，取决于循环的终止条件。循环结构的通用流程图如图 5-14 所示。

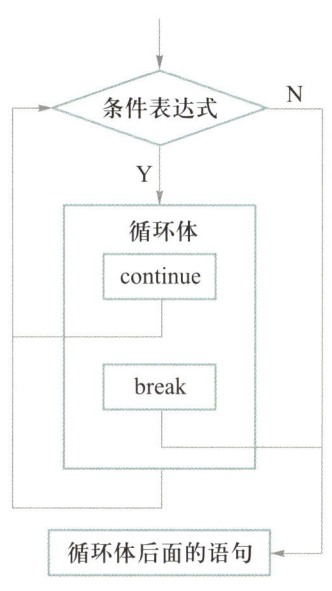

图 5-14　循环结构流程图

Python 的循环结构有两种语句：while 和 for。

（1）while 语句

while 语句常用于事先不知道循环次数的循环，基本语法如下。

```
while <条件表达式>:
    <语句组>
```

示例代码如下。

```python
# 找出平方数小于 1 000 的最大整数
i = 0
while i * i < 1000:
    i += 1
print(i-1)
```

5.2　设计简单程序

① 赋值运算符"+="是一种简写，常用于变量自身的变化，例如"a+=b"等价于"a=a+b"，算术运算符都有对应的赋值运算符。

② while 语句只能写一个布尔型的条件表达式，只要循环条件满足，循环体就会一直执行。

（2）for 语句

for 语句常用于已知循环次数的循环，基本语法如下。

```
for <迭代变量> in <序列>:
    <语句组>
```

示例代码如下。

```
# 计算从 1 加到 100 的和
s = 0
for i in range(1, 101):
    s += i
print(s)
```

① range() 函数用于创建一个整数序列，通常用于 for 循环，语法为"range(初值 , 终值 [, 步长])"，计数从初值开始，到终值（不包括终值）结束，步长省略时默认为 1。

② for 循环执行时，迭代变量依次从序列中迭代取出相应的元素。

（3）跳转语句

跳转语句可以改变程序的执行顺序，如 break 和 continue 语句。break 语句的作用是强制退出循环体，不再执行循环体内的语句，而 continue 语句的作用是结束本次循环，跳过循环体中尚未执行的语句，接着进行循环条件的判断，以决定是否继续执行循环。

使用循环语句时，要让循环条件趋向结束，否则会造成死循环。

实践体验

编写猜数字游戏程序

班级组织迎新年活动,有一个节目是和计算机玩猜数字(1~100)游戏,每位同学有6次机会,猜中得奖品,未猜中提示"偏大"或"偏小",如何编写这个游戏程序呢?

1. 分析问题

首先要让计算机预先产生一个 1~100 中的整数(设为 x);然后让同学说出第 1 个数字(设为 y)并输入计算机;接着让计算机将这个数字与预设的数字进行比较,相同就显示"恭喜猜中!"并退出程序,否则就显示"偏大"或"偏小",再让同学继续猜,如果 6 次均未猜中,则最后显示正确的数字,并提示"谢谢合作!"。

2. 设计算法

根据分析,将解决问题的算法用流程图描述,如图 5-15 所示。

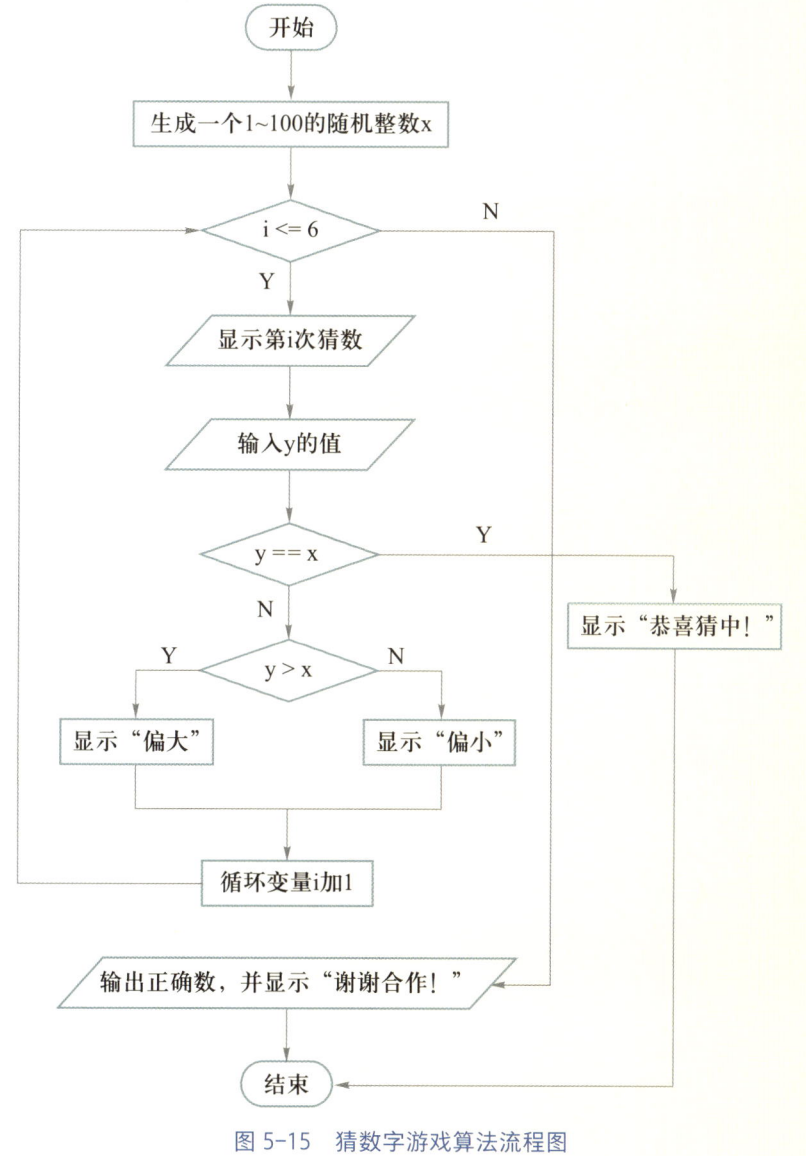

图 5-15 猜数字游戏算法流程图

5.2 设计简单程序　75

3. 编写程序

根据算法，编写如下程序代码。

```python
import random
x = random.randint(1,100)      # 生成一个 1~100 的随机整数
for i in range(1, 7):
    print(" 第 ", i, " 次猜数 ")
    y = int(input(" 请输入猜出的数字：" ))
    if y == x:
        print(" 恭喜猜中！ ")
        break
    elif y > x:
        print(" 偏大 ")
    else:
        print(" 偏小 ")
if i == 6:
    print(" 正确数字为：", x, " 谢谢合作！ ")
```

> **提示**
>
> Python 中的内置 random 模块用于生成随机数，其中 randint() 函数生成一个整数。编写程序时，如果要使用内置模块中的函数，要先导入所需的模块，导入模块应写在程序的开始位置，基本格式为：
>
> import < 模块名 >

4. 调试运行程序

在 PyCharm 中输入程序代码，并进行调试运行，查看运行结果。

讨论与交流

while 语句和 for 语句有什么区别？怎样避免出现死循环？

巩固提高

在计算机屏幕上绘制三角形状,如图 5-16 所示。设计算法,绘制流程图,并编写程序。

```
   *
  ***
 *****
*******
```

图 5-16　三角形状

操作提示:下一行比上一行多两颗星,位置左移一格。

任务 3　使用函数

对于一些比较复杂的问题,往往需要将它分解为多个较小、较容易解决的子问题,甚至还可以层层分解,解决这些子问题的方案的集合就构成了整体问题解决方案,这就是"自顶向下"的程序设计思想,使得问题结构化和简易化。

有些分解后的子问题的程序代码需要反复执行,较好的方法是将反复执行的代码封装到一个代码块中,以便调用,这个代码块就是程序设计中的函数。

1. 函数的概念

函数是指一段封装在一起的可实现某一特定功能的程序块,具有函数名、参数和返回值。灵活运用函数可以减少重复编写程序代码的工作量。

2. 自定义函数

在前面的学习过程中已经用到了 Python 的一些函数,如 print()、float()、input() 等,这些函数都是 Python 默认提供的,称为内置函数。用户也可以自定义函数,Python 自定义函数的语法如下。

```
def <函数名>([ 参数列表 ]):
    <函数体>
    return [ 返回值 ]/[None]
```

说明：

① 函数名必须符合标识符的命名规范；

② 函数可以无参数，如果有多个参数，则参数列表之间用","分隔；

③ 函数如果无返回数据，则函数体中可以 return None 结束或省略 return 语句。

示例代码如下。

```
# 计算三角形面积自定义函数
def triangle_area(bottom, height):
    area = bottom * height / 2
    return area
```

3. 自定义函数的调用

自定义函数的调用比较简单，类似调用内置函数。例如，计算底为 3、高为 2 的三角形面积的程序中，调用计算三角形面积的自定义函数"triangle_area"并将结果保存到变量 s 中的语句为：

```
s = triangle_area(3, 2)
```

实践体验

编写计算体质指数（BMI）程序

根据《国家学生体质健康标准》，学校每学期要测试学生体质指数，BMI 的计算公式为：BMI= 体重 / 身高^2。

1. 分析问题

设学生体重为 w，身高为 h，根据 BMI 计算公式计算出 BMI，再和 BMI 标准比较，得出健康状况。计算 BMI 和判断健康状况是可以被反复执行的程序块，可以将它定义为函数 bmi_func。

2. 设计算法

根据分析，将解决问题的算法用流程图描述，如图 5-17 所示。

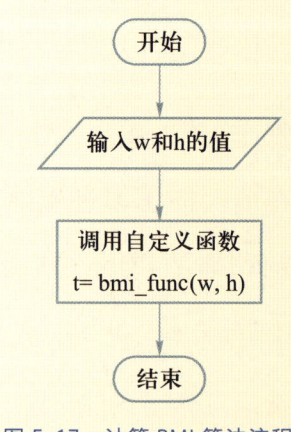

图 5-17　计算 BMI 算法流程图

3. 编写程序

根据算法，编写如下程序代码。

```python
# 定义计算 BMI 和判断健康状况函数
def bmi_func(w, h):
    bmi = w / (h * h)   # 计算 BMI
    print("BMI 为：", bmi)
    # 判断健康状况（以高一女生为例）
    if bmi <= 16.4:
        print(" 低体重 ")
    if bmi > 16.4 and bmi <=22.7:
        print(" 正常 ")
    if bmi > 22.7 and bmi <=25.2:
        print(" 超重 ")
    if bmi > 25.2:
        print(" 肥胖 ")

# 输入学生体重和身高
w = float(input(" 请输入体重 (kg)："))
h = float(input(" 请输入身高 (m)："))

# 调用计算 BMI 和判断健康状况函数
bmi_func(w, h)
```

4. 调试运行程序

在 PyCharm 中输入程序代码，并进行调试运行，查看运行结果。

讨论与交流

使用函数有什么作用？函数变量的作用域是什么？

巩固提高

使用函数调用实现本节任务 2 "实践体验 编写猜数字游戏程序"。

操作提示：可将预设数字与比较数字功能定义为函数。

探究与合作

1. 设置断点

尝试在本节任务 2 "实践体验 编写猜数字游戏程序"中设置断点，调试追踪循环结构的执行过程，注意观察循环条件的变化、循环体的执行次数。

2. 设计计分器

校园歌手大赛由 7 位评委为参赛选手打分（1~10 分），选手最后得分为：去掉 1 个最高分和 1 个最低分，计算其余 5 个分数的平均值。请编写计分器程序，实现每轮依次输入评委的分数，计算出选手最后得分。

3. 使用循环嵌套

公司迎新晚会用 2 000 元购买 3 种奖品，价格分别为 150 元、30 元和 20 元，每种奖品至少要有 1 个，为了最大化利用资金，编写程序找出刚好全部使用完 2000 元的组合并输出。

操作提示：该问题需要使用三重循环，即循环的嵌套使用。选择语句、循环语句和函数均可以嵌套使用，即在选择语句中再使用选择语句、在循环语句中再使用循环语句、函数的参数仍然是函数，嵌套通常用于解决复杂问题。

5.3 运用典型算法

通过前面的学习，我们知道使用计算机解决问题最重要的一个步骤是"设计算法"。算法可能是一个计算公式，可能是一个赢得游戏的策略，也可能是一个解决综合问题的复杂方案。人们在长期实践中，总结出很多算法，为编写程序提供了极大的帮助，并在现实生活各领域广泛应用。随着计算机和人工智能的发展，算法仍然在不断发展。

本节将学习几种典型算法，掌握程序设计的一些技巧。

> **学习目标**
> - 了解典型算法；
> - 会简单运用排序算法和查找算法；
> - 会使用功能库扩展程序功能。

任务1 运用排序算法

排序是数据处理中经常使用的一种算法，即把数据按照从小到大或从大到小的顺序进行排列，如排列体育赛事成绩、员工经营业绩等。

排序算法有很多，如选择排序、插入排序、冒泡排序、堆排序、归并排序等。下面以选择排序和插入排序为例，介绍排序算法的思路。

1. 列表

数据处理通常会涉及很多数据，这些数据需要一个容器进行管理，这个容器就是数据结构，Python 中的数据结构主要有序列（列表、元组等）、集合和字典。列表（list）是 Python 最常用的序列，具有可变性，可以追加、插入、删除和替换元素。

> Python 没有数组结构，因为数组要求元素类型是一致的，而 Python 是动态类型语言，不强制声明变量的数据类型。

（1）创建列表

创建列表可以使用方括号"[]"将元素括起来，元素之间用逗号分隔，如：

```
a = [12, 35, 56, 23]
b = ['张三',' 李四',' 王五']
```

> 创建空列表用"[]"表示。

（2）追加元素

要在列表中追加单个元素，可使用 append() 方法；要在列表中追加多个元素或另一个列表，可使用 "+=" 运算符或 extend() 方法，如：

```
a = [12, 35, 56, 23]
a.append(30)   # 在列表后面追加一个元素
a += [30, 40]  # 利用 "+=" 运算符在列表后面追加多个元素
a.extend([30, 40])  # 利用 "extend()" 方法在列表后面追加多个元素
```

（3）插入元素

使用 insert() 方法可以在列表中指定索引位置插入一个元素，如：

```
a = [12, 35, 56, 23]
a.insert(2, 30)  # 在列表索引 2（第 3 个元素）位置上插入一个元素
```

（4）替换元素

使用 "=" 运算符可以替换列表的元素，如：

```
a = [12, 35, 56, 23]
a[1] = 10  # 在列表索引 1 位置上将 35 替换为 10
```

（5）删除元素

使用 remove() 方法或 pop() 方法可以删除列表中的元素。remove() 方法从左至右查找列表中的元素，删除第一个匹配的元素，如果没有找到则提示错误。pop() 方法删除指定索引位置上的元素，如果不指定索引位置，则删除最后一个元素，如：

```
a = [12, 35, 56, 23]
a.remove(35)  # 在列表中查找第一个值为 35 的元素并删除
a.pop(1)  # 删除列表索引 1 位置上的元素
```

2. 选择排序算法

选择排序基本思路：每次从待排序的数据中选出最小元素，顺序放在之前已经排好序的数据最后，直到全部数据排序完毕。实现方法：取第一个数和后面的数逐一比较，然后一轮之后得到最小的数放在第一个，然后开始取第二个，重复之前的比较，示意图如图 5-18 所示。

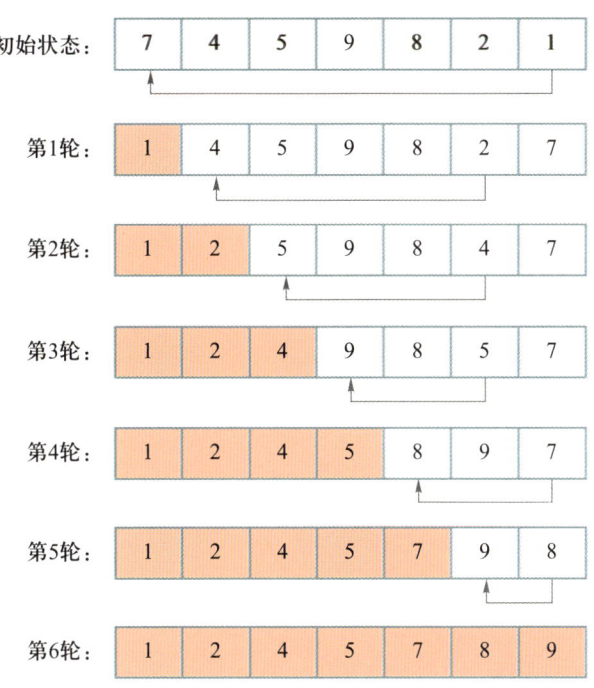

图 5-18 选择排序算法执行过程示意图

假设排序列表为 a，数据个数为 n，选择排序算法流程图如图 5-19 所示。

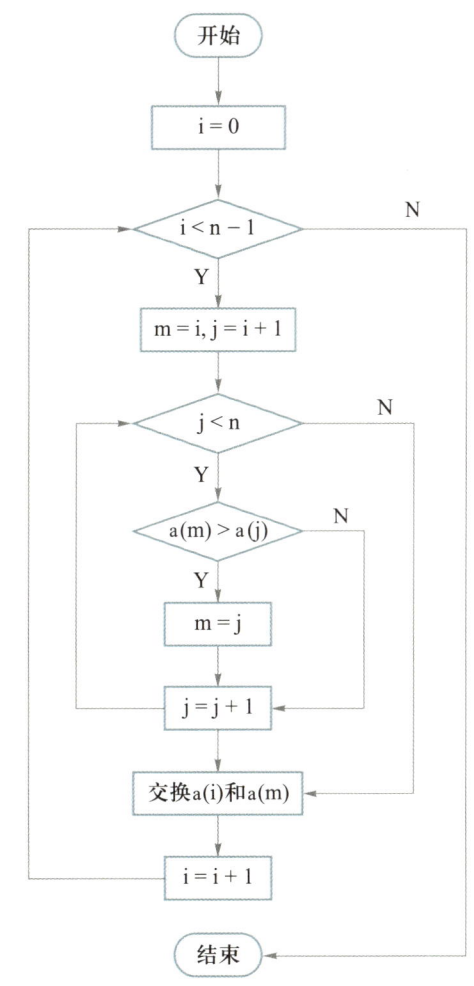

图 5-19 选择排序算法流程图

图 5-18 中示例代码如下。

```
a = [7, 4, 5, 9, 8, 2, 1]
for i in range(len(a) – 1):
    minIndex = i   # 记录最小数索引
    for j in range(i+1, len(a)):
        if a[minIndex] > a[j]:  # 若找到更小的数
            minIndex = j  # 将找到的最小数和未排序的第一个数交换
    a[i], a[minIndex] = a[minIndex], a[i]
print(a)
```

 提示

① len() 函数返回对象（字符、列表、元组等）长度或项目个数。

② 使用选择排序，当有 n 个数时，每排一个数，n-1 轮就能排完，因此内循环为外循环加 1 开始。

3. 插入排序算法

插入排序基本思路：每次取出一个待排序的数据元素，按其大小插入到之前已经排好序的数据集中，直到全部待排序元素插入完毕。具体实现方法为：从左边开始取值，然后和它左边的所有元素值进行比较，如果取的值比它左边的值小就与其交换，重复以上操作，如图 5-20 所示。

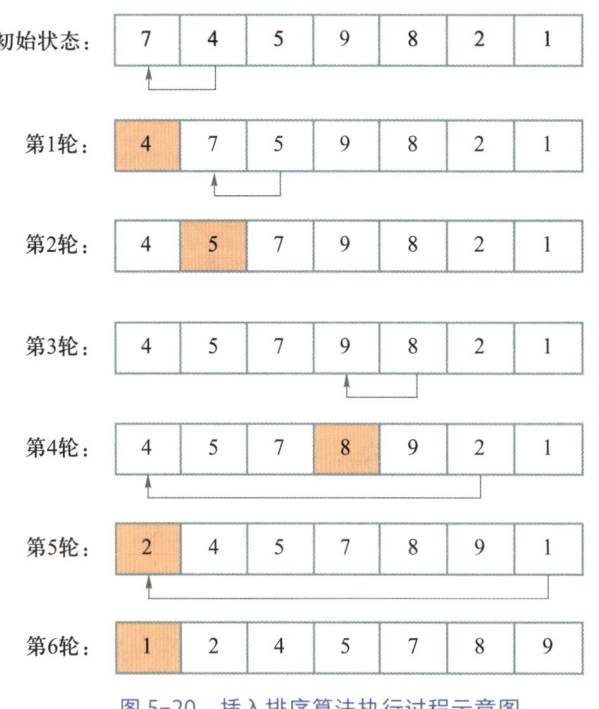

图 5-20 插入排序算法执行过程示意图

假设排序列表为 a, 数据个数为 n, 插入排序算法流程图如图 5-21 所示。

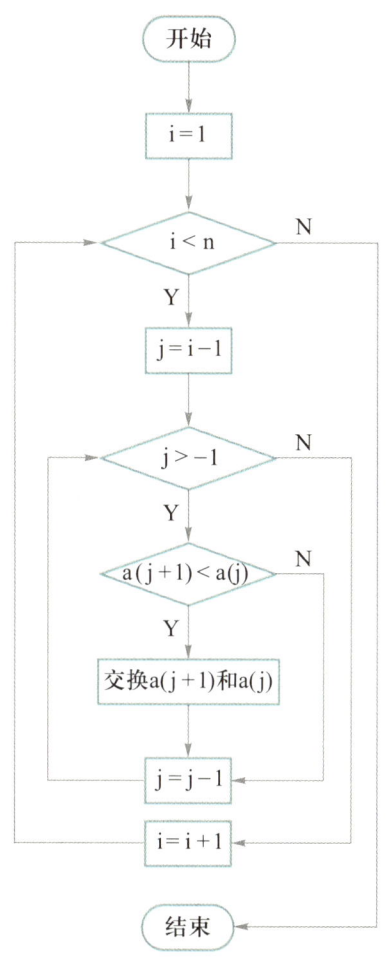

图 5-21　插入排序算法流程图

图 5-20 中示例代码如下。

```
a = [7, 4, 5, 9, 8, 2, 1]
for i in range(1, len(a)):  # 遍历未排序区间元素，从第二个数开始
    for j in range(i-1, -1, -1):  # 遍历未排序区间元素，从最右边的数开始比较到
                                  # 第一个数
        if a[j+1] < a[j]:  # 若找到更小的数
            a[j+1], a[j] = a[j], a[j+1]  # 较小的值左移
        else:
            break
print(a)
```

4. Python 功能库

Python 既有内置函数和标准库,又有第三方库和工具,可用于文件读写、网络抓取和解析、数据库连接、音视频处理、数据挖掘、机器学习等,灵活运用 Python 功能库,能够扩展程序功能,提高编程效率。

通常用 import 命令就可以引入 Python 功能库,例如,要与 MySQL 数据库建立连接,就要使用第三方库 pymysql,引入这个库的语句为:

```
import pymysql
```

 实践体验

编写篮球比赛积分排名程序

学校近期举行篮球比赛,需要根据各班级的积分进行排名。

1. 分析问题、设计算法

设各班级积分列表为 "integral",排名通常按积分从高到低进行排序,可以使用上面介绍的任意一种排序算法。注意,因积分需要从高到低排序,在比较两个数时,找到较大的数应往前排。

2. 编写程序

若采用选择排序算法,编写如下程序代码片段。

```python
for i in range(len(integral) − 1):
    minIndex = i
    for j in range(i+1, len(integral)):
        if integral[minIndex] < integral[j]:
            minIndex = j
    integral[i], integral[minIndex] = integral[minIndex], integral[i]
print(integral)
```

在 Python 中还可以用内置函数 sorted() 实现排序功能,使用更加方便。该函数是排序函数,它不改变原序列,但可以生成一个排序后的序列,函数语法为:

```
sorted(list, reverse = False/True)
```

其中,reverse 为排序规则,False 为升序(默认),True 为降序。

因此，本例还可以采用以下代码片段实现积分从高到低排序。

integral_new = sorted(integral, reverse = True) #integral_new 为新列表
print(integral) # 输出原列表
print(integral_new) # 输出新列表

通过网络查阅并讨论其他排序算法。

采用插入排序算法，对某一字符列表进行降序排序。

操作提示：字符排序是按照字符的 ASCII 码顺序，且相同字母的大小写其 ASCII 码不相同。

任务2 运用查找算法

查找也是经常使用的一种算法，即根据给定的某个值，在一组数据中确定一个关键字的值等于给定值的记录或数据元素，如查找列车车次、航班号、员工姓名等。

查找算法也有很多，如顺序查找、二分查找、插值查找、分块查找、二叉树查找、哈希表查找等。下面以顺序查找和二分查找为例，介绍查找算法的思路。

1. 顺序查找算法

顺序查找也称线性查找，即从数据结构线性表的一端开始，顺序扫描，依次将扫描到的关键字与给定值相比较，若相等则表示查找成功；若扫描结束仍没有找到关键字等于给定值的数据，表示查找失败。顺序查找多用于查找对象的排列无规律时。假设查找列表为 a，对象个数为 n，算法流程图如图 5-22 所示。

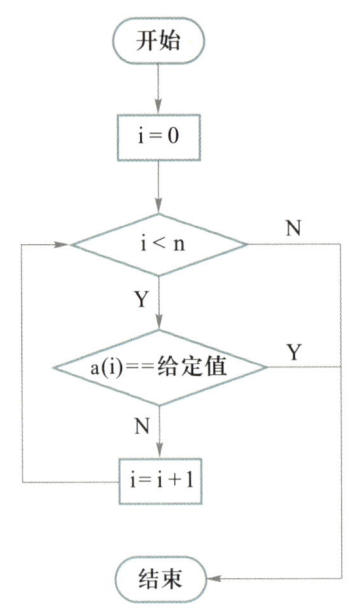

图 5-22　顺序查找算法流程图

示例代码如下。

```
a = ['B', 'A', 'E', 'F', 'D', 'C']
target = 'E' # 查找目标
i = 0 # 初始查找位置
found = False # 查找是否成功标志
while i < len(a) and not found:   # 未扫描完且未找到则循环查找
    if (a[i] == target): # 查找匹配对象
        found = True
    else:
        i += 1 # 未找到继续扫描下一个对象
print(found)
```

2. 二分查找算法

二分查找也称折半查找，比顺序查找的效率高，但它要求待查数据结构是有序排列的，适用于不经常变动且查找频率较高的有序数据。二分查找从数据结构的中间位置开始，如果中间元素正好与查找关键字相等，则查找成功；否则利用中间位置将数据分成前、后两个部分，如果中间元素大于查找关键字，则继续在前一半数据中查找，否则继续在后一半数据中查找，重复这样的操作，每一次比较都使搜索范围缩小一半。如要在序列"10，20，40，60，70，80，90"中查找 70，查找过程示意图如图 5-23 所示。

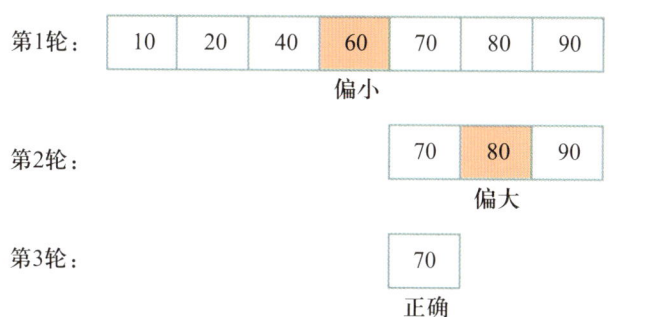

图 5-23 二分查找算法查找过程示意图

假设查找列表 a，对象个数为 n，二分查找算法流程图如图 5-24 所示。

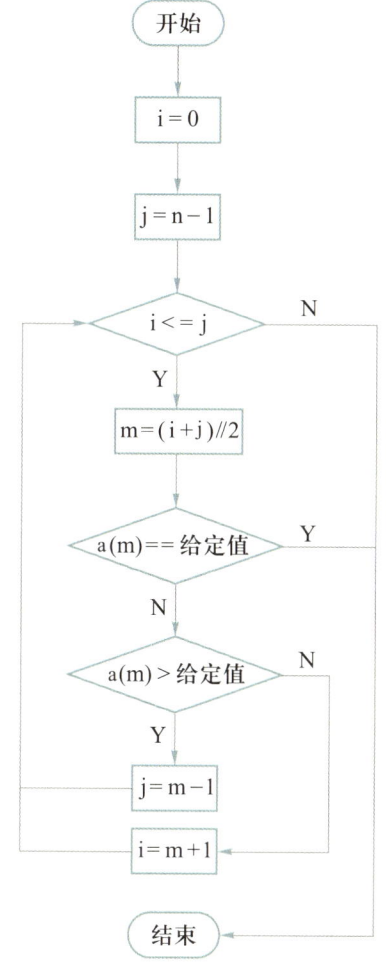

图 5-24 二分查找算法流程图

5.3 运用典型算法

图 5-23 所示示例的代码如下。

```python
a = [10, 20, 40, 60, 70, 80, 90]  # 有序列表
target = 70  # 查找目标
i = 0  # 初始查找位置
j = len(a) - 1  # 查找元素个数
while i <= j:
    m = (i + j) // 2  # 取中间值
    if a[m] == target:  # 查找匹配对象
        print(" 所查对象位置下标: ", m)
        break
    elif a[m] > target:
        j = m - 1
    else:
        i = m + 1
```

如果待查找的数据结构未排序，可以先将数据排序后，再用二分查找算法进行查找。

实践体验

编写英语单词默写程序

默写英语单词，和英语生词表对照，看是否正确。

1. 分析问题、设计算法

设英语生词表为"words"，输入一个单词，如果正确，则在生词表中能够查找到该单词，显示"拼写正确"；如果错误，则不能查找到该单词，显示"拼写错误"，可以使用上面介绍的任意一种查找算法。

2. 编写程序

若采用顺序查找算法，编写如下程序代码片段。

```python
words = ['add', 'concern', 'entirely', 'power', 'upset']
w = str(input(" 请输入单词: "))
i = 0
found = False
```

```
while i < len(words) and not found:
    if words[i] == w:
        found = True
    else:
        i += 1
if found:
    print(" 拼写正确！ ")
else:
    print(" 拼写错误！ ")
```

若采用二分查找算法，编写如下程序代码片段。

```
words = ['add', 'concern', 'entirely', 'power', 'upset']
w = str(input(" 请输入单词: "))
i = 0
j = len(words) - 1
found = False
while i <= j:
    m = (i + j) // 2   # 取中间值
    if words[m] == w:  # 查找匹配对象
        found = True
        break
    elif words[m] > w:
        j = m - 1
    else:
        i = m + 1
if found:
    print(" 拼写正确！ ")
else:
    print(" 拼写错误！ ")
```

讨论与交流

通过网络查阅并讨论其他查找算法，讨论 5.2 任务 2 中猜数字游戏，用哪种查找方式速度最快。

> **巩固提高**
>
> 某公司举行新产品发布会，参会客户都进行了登记，采用二分查找算法，在登记表中查找是否有某一客户参会。
>
> 操作提示：需要先按照客户名称排序。

探究与合作

1. 玩转"汉诺塔"游戏——递归算法

"汉诺塔"是一个古老的益智游戏，如图5-25所示，木板上有3根柱子，分别是原始柱、借力柱和目标柱，原始柱上有若干个圆盘，规定每次只能移动一个圆盘，且小的圆盘只能叠在大的圆盘上面。请设计算法，用尽可能少的次数把所有圆盘从原始柱全部移动到目标柱上。

操作提示：递归算法是一种直接或者间接调用自身的算法（如函数的自调用），它体现了"以此类推""用同样的步骤重复"的思想，可以使算法的描述简洁，易于理解，其实质是把问题转换为规模缩小了的同类问题。

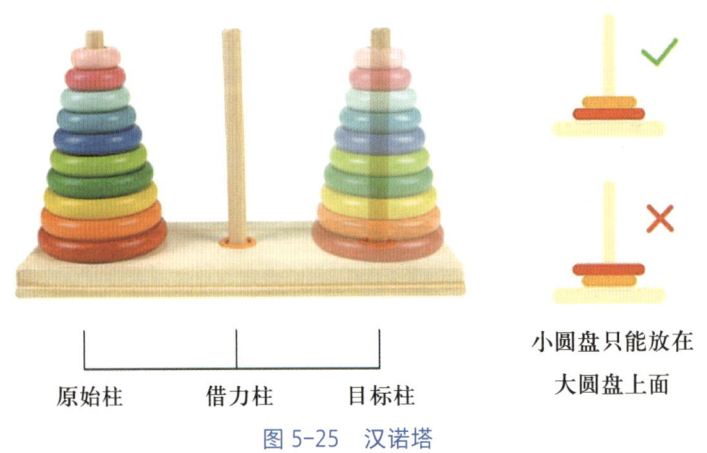

图 5-25　汉诺塔

2. 绘制递归图形

Python程序中内置了大量的函数，turtle模块是其中一个绘制图形的函数库，就像一只小乌龟，在一个横轴为x、纵轴为y的坐标系原点（0，0）位置开始，根据一组函数指令的控制，在这个平面坐标系中移动，从而在它爬行的路径上绘制了图形。尝试绘制一个自己喜欢的递归图形，效果参考图5-26所示。

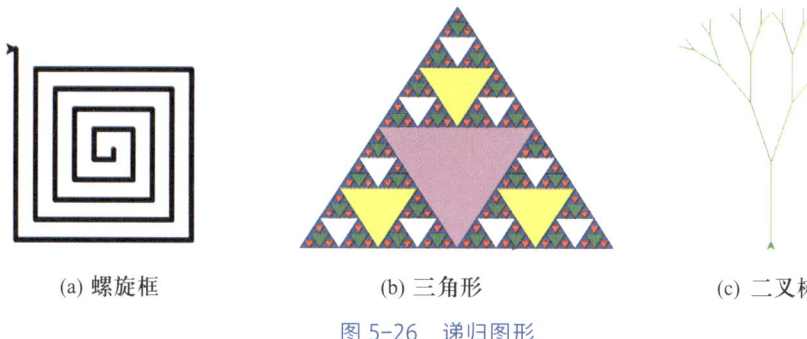

(a) 螺旋框　　　　　　(b) 三角形　　　　　　(c) 二叉树

图 5-26　递归图形

单元小结

本单元主要学习了算法的基本概念，计算机程序、程序设计语言、程序基本结构、Python 基本语法及排序算法、查找算法等典型算法的基础知识，初步掌握了程序设计的方法，能使用程序设计工具编辑、运行和调试简单的程序，具备了运用程序设计解决简单问题的初步能力。

单元测试

一、选择题

1. 计算机语言经历了由低级到高级的过程，按发展过程，以下顺序正确的是（　　）。

　　A. 机器语言、汇编语言、高级语言　　　B. 汇编语言、机器语言、高级语言

　　C. 高级语言、汇编语言、机器语言　　　D. 机器语言、高级语言、汇编语言

2. 算法流程图中表示判断的图形符号是（　　）。

　　A. 矩形框　　　　B. 菱形框　　　　C. 平行四边形框　　　D. 圆角矩形框

3. 能将高级语言源程序转换为目标程序的是（　　）。

　　A. 编辑程序　　　B. 编译程序　　　C. 调试程序　　　　　D. 翻译程序

4. Python 语言属于（　　）。

　　A. 机器语言　　　B. 汇编语言　　　C. 高级语言　　　　　D. 自然语言

5. 结构化程序设计的3种基本结构是（　　）。

　　A. 输入、处理、输出　　　　　　　　B. 总线型、星状、环状

　　C. 顺序、选择、循环　　　　　　　　D. 主程序、函数、功能库

6. 下列运算符中优先级最高的是（　　）。

　　A. **　　　　　B. *　　　　　C. //　　　　　D. /

7. 有两个条件p和q，只要有一个条件为真，结果一定为真的值是（　　）。

　　A. not p　　　　B. p and q　　　　C. p or q　　　　D. not p and not q

8. 描述"60≤x<100"表达式为（　　）。

　　A. x>=60 and x<=100　　　　　　　B. x>=60 or x<100

　　C. x>=60 and <100　　　　　　　　D. not x<60 and x>=100

9. 在Python中，要交换变量x和y，应使用语句（　　）。

　　A. x=y; y=x　　B. x=y; y=z; z=x　　C. z=x; y=x; y=z　　D. x, y=y, x

10. 在Python中，不合法的语句是（　　）。

　　A. x=y=z=2　　B. x=(y=z+2)　　C. x+=y　　D. x, y=y, x

11. 设i的初值为3，则执行语句"i-=i*3"后，i的值是（　　）。

　　A. 0　　　　　B. 9　　　　　C. 12　　　　　D. −6

12. 以下程序段的输出结果是（　　）。

```
i, j = 1,5
if j < 0:
    i = −1
else:
    i = 0
print(i)
```

　　A. 0　　　　　B. 1　　　　　C. −1　　　　　D. 5

13. 设有以下程序段，循环将执行（　　）。

```
i = 10
while i < 10:
    i -= 1
```

　　A. 10次　　　　B. 0次　　　　C. 无限次　　　　D. 1次

14. 在列表 n 中，元素 n［2］表示第（　　）个元素。

   A. 1　　　　　　　B. 2　　　　　　　C. 3　　　　　　　D. 4

15. 使用选择排序法对数据"8,7,5,9,5,6"从大到小排序，共需经过（　　）次数据对调。

   A. 3　　　　　　　B. 4　　　　　　　C. 5　　　　　　　D. 6

二、填空题

1. _____是计算机解决问题所依据的步骤。

2. 计算机程序是计算机能够_____和_____的指令或语句的序列，是算法的一种描述。

3. 程序的基本结构包括顺序结构、_____和_____。

4. 函数是指一段封装在一起的可实现某一特定功能的程序块，具有_____、_____和返回值。

5. _____是由常量、变量和函数通过运算符连接起来的有意义的式子。

三、编程题

1. 某工人一天的薪水等于其时薪之和，再加上加班费。加班费等于总的加班时间乘以时薪的 1.5 倍。请编写一个程序，以时薪、常规工作时间、加班工作时间作为参数，显示该工人一天的总薪水。

2. 某企业给销售员发放奖金是根据利润进行提成。利润低于或等于 10 万元时，奖金可提成 5%；利润高于 10 万元，低于 20 万元时，低于 10 万元的部分按 10% 提成，高于 10 万元的部分可提成 15%；20 万元到 50 万元之间时，超过 20 万元的部分，可提成 20%；高于 50 万元时，超过 50 万元的部分按 2% 提成。请编写一个程序，从键盘输入当月利润，计算应发放奖金总数。

第 6 单元

创造动感体验
——数字媒体技术应用

身处信息时代，数字媒体技术飞速发展，五彩缤纷、美轮美奂的数字媒体作品带给人们一场场感官盛宴。身临其境的交互游戏、神奇震撼的电影画面、形式多样的网络互动，引导人们进入了一个数字媒体时代，我们的学习、工作和生活也因此发生着巨大的变化。

本单元让我们一起来了解数字媒体技术的基本原理；学习常用数字媒体技术软件的基本操作，学会用它们获取、处理数字媒体素材，制作数字媒体作品；初步了解虚拟现实与增强现实技术，学会使用虚拟现实与增强现实技术工具，体验其应用效果。

小剧场

正值踏青好时节,学校将陆续组织各专业学生春游。高老师希望活动结束后每个班能完成一件数字媒体作品,为了作品形式能多样化,高老师召集学生代表提前分配任务。

小林说:"我们班想在活动结束后做个电子相册,给大家留个纪念。"

小优说:"我们班想把这次要游览的景区景色录下来,做一个宣传短视频,上传到网上,让更多的人了解家乡的美景。"

高老师说:"好,大家提前给同学们分配好任务,春游时收集好素材,期待大家的精彩作品。"

6.1 感知数字媒体技术

数字媒体技术是一种结合了数字技术、网络技术、媒体与艺术设计的综合应用技术，它注重创意，在游戏、移动互联网、互动娱乐、影视动画等娱乐领域异军突起，发展迅猛，同时广泛应用于教育、医疗、电子商务等领域。

> **学习目标**
>
> - 了解数字媒体技术及其应用现状；
> - 了解数字媒体文件类型、格式及特点；
> - 会获取文字、图像、音视频等常见数字媒体素材；
> - 了解数字媒体采集、编码和压缩等技术原理；
> - 会进行不同数字媒体格式文件的转换。

任务1 体验数字媒体技术

1. 数字媒体技术的特点

数字媒体技术具有数字化、交互性、集成性和艺术性等特点。

（1）数字化

数字媒体技术采用二进制的形式通过计算机来存储、处理和传播文字、图像、声音、动画等信息。信息不仅能够实现高精度传递，而且传播效率也大大提高。同时，信息的重复使用和二次编辑非常容易，信息利用率得以提升。

例如，"数字敦煌"是一项保护敦煌的虚拟工程，该工程使敦煌瑰宝数字化，打破时间、空间限制，满足人们游览、欣赏、研究等需求，如图6-1所示。

图 6-1 "数字敦煌"主页

(2)交互性

数字媒体技术在应用的过程中，可以实现人机之间的互动。受众从过去被动地接收信息，转变为主动地获取信息，从单方面消费信息转变为既是信息的消费者，也是信息的生产者。这种深度的双向互动，开创了以用户为中心的数字媒体传播新局面。

例如，在体感游戏中，玩家手握游戏手柄，通过自己身体的动作控制游戏中人物的动作，"全身心"投入到游戏当中，享受互动新体验，如图 6-2 所示。

图 6-2 体感游戏

(3)集成性

数字媒体技术结合文字、图像、声音、动画等多种媒体技术，借助数字化处理技术能够形成集成应用，极大地提升了传播效果。同时，这些多媒体信息借助多媒体渠道进行传播，计算机、手机等都成了传播载体，在应用范围上也更加广阔。

例如，利用数字媒体技术制作丰富的教学资源，使学习者能够通过仿真的数字媒体影像进行学习，降低了学习难度，增强了学习趣味，提高了学习效果。图6-3所示为汽车后桥总成3D装配演示，可以动态展示各个元器件装配的过程，把复杂的装配过程形象地展现出来。

图6-3　汽车后桥总成3D装配演示

（4）艺术性

在越来越多的行业中，如电影、电视、音乐、广告、包装等，数字媒体的艺术性逐渐凸显。与传统艺术形式不同，数字媒体打破了艺术发展壁垒，将不同的艺术元素进行融合，以数字化为工具，呈现出更加综合的技术与艺术相结合的状态。

例如，"库乐队"是一款可以制作、演奏和录制原创音乐的软件，安装后可以让手机或iPad变成一套触控乐器和功能完备的录音工作室，无论身处何地，都可以用它来创作音乐，如图6-4所示。

图6-4　"库乐队"中的中国打击乐

2．数字媒体素材

数字媒体素材包括文字、图像、音频、视频和动画等。

（1）文字

文字可以设置为各种字体、大小、格式及颜色，常见的文件格式有 TXT、DOCX、HTML 等类型，可以通过键盘打字、手工书写、语音识别、扫描转换等不同方式输入，如图 6-5 所示。

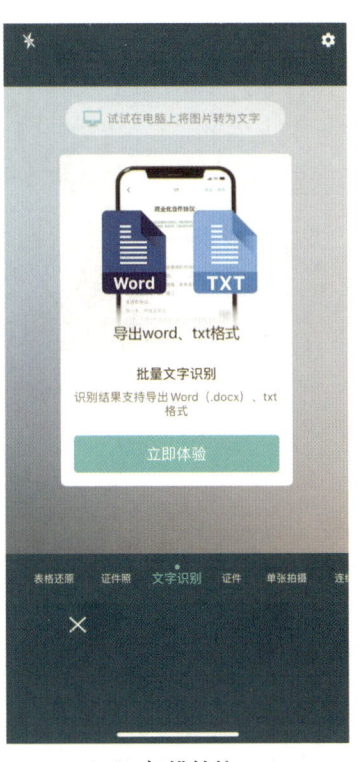

(a) 语音识别　　　　　　　　(b) 扫描转换

图 6-5　文字输入方式

（2）图像

图像分位图和矢量图两种。

① 位图。位图是由像素点阵组成的画面，位图表现力强，层次丰富，色彩逼真，可充分表现大量细节，使图像更接近于真实。但占用的空间比较大，需要消耗大量的存储空间，对图像进行缩放、旋转等操作时图像会产生锯齿或失真现象，如图 6-6 所示。

图 6-6　位图

② 矢量图。矢量图由可重构图像的指令构成，计算机只存储这些指令而不是真正的图像。矢量图与分辨率没有关系，具有简洁明了、无级别放大而始终平滑等特点，占用的空间也比较小，便于网上传输，但不适合表现复杂的事物，如图6-7所示。

图6-7 矢量图

常见的图像文件有BMP、JPG/JPEG、GIF、PNG、TIF/TIFF、PSD和EPS等类型，可以通过拍摄、扫描、截屏、软件制作、网络下载等不同方式获取。

（3）音频

音频指音乐、语音和各种音响效果。常见的音频文件有WAV、MP3、WMA、MID等类型，可以通过设备录制、软件制作、网络下载等不同方式获取，如图6-8所示。

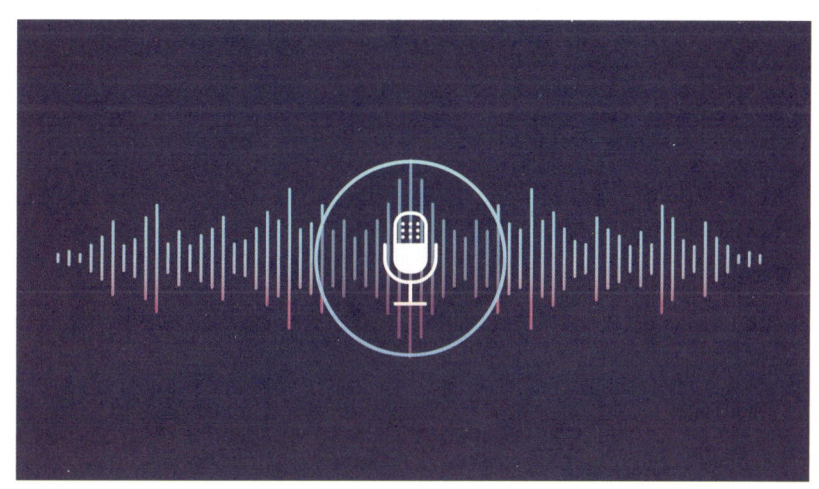

图6-8 音频

（4）视频

视频是经过视频采集、数字化处理，存储在计算机中的动态影像。常见的视频文件有AVI、MPG/MPEG、RM、MOV、MP4等类型，可以通过拍摄、录屏、软件制作、网络下载等不同方式获取，如图6-9所示。

图 6-9　视频

（5）动画

动画是利用人眼的视觉暂留特性，快速播放一连串静态图像，在人的视觉上产生平滑流畅的动态效果。走马灯、皮影戏、手翻书，是应用动画原理的萌芽，如图 6-10 所示。

(a) 走马灯　　　　　　　　　　(b) 皮影戏　　　　　　　　　(c) 手翻书

图 6-10　动画萌芽

>  市场上销售的素材光盘提供了很多数字媒体素材，因特网上也有大量的素材可供下载，使用这一类资源时要注意版权问题。

实践体验

体验数字媒体技术

选择一个自己感兴趣的数字媒体项目，如"数字敦煌""库乐队"，或一款游戏、一个教学软件，体验该项目，并参照表 6-1 所列项目进行思考，完成表格后以小组的方式进行交流。

表 6-1 体验"数字敦煌"记录表

记录项	内容
项目名称	数字敦煌
简要介绍	利用先进的科学技术与文物保护理念,对敦煌石窟和相关文物进行全面的数字化采集、加工和存储,将图像、视频、三维等多种数据和文献数据汇集起来,构建一个多元化与智能化相结合的石窟文物数字化资源库,通过互联网实现全球共享
关键技术	虚拟现实、增强现实和交互现实等技术
我的体验活动	我访问了该网站,浏览了莫高窟第 254 窟的资料,感受了全景漫游
印象最深刻的内容	网站中的全景漫游功能非常神奇,让我有一种身临其境的感觉
我的体验感受	数字化的保护让信息永久留存,数字化的展示让历史不再枯燥,数字化的复制让文化薪火相传

 巩固提高

观察老师上课使用的数字媒体技术,完善表 6-2 中的相关信息,看看哪位老师的课上数字媒体技术运用得最丰富。

表 6-2 文件格式、特点及常用软件记录表

文件格式	特点	常用软件
MP4	采用有损压缩标准,压缩率高	大部分视频播放软件都可以播放,可以用会声会影、Premiere 等软件进行编辑
BMP	图像信息较丰富,几乎不进行压缩,缺点是占用磁盘空间大	
JPG		

任务2 了解数字媒体技术原理

数字媒体技术主要研究与数字媒体信息的获取、处理、存储、传播、管理、安全、输出等相关的理论、方法、技术与系统,其关键是数字媒体信息的采集、编码和压缩等。

1. 信息采集和编码

自然界中的信息大多是模拟量,即在时间上是连续的量,这些信息要为计算机所用,需要经过专用设备进行信息采集,如在计算机上录音,用数码相机拍摄图片、视频等,其本质是把模拟信号转换为数字信号。

连续的模拟信号转换为离散的数字信号,主要包括采样、量化和编码三个过程。模拟信号的振幅 A 随时间 t 连续变化,在时间轴上取几个等间隔的时间点 $D_1 \sim D_8$,并找到其对应的幅度值,用有限个幅度值近似还原连续变化的幅度值,把模拟信号的连续幅度转换为有限数量的有一定间隔的离散值,并使用二进制进行编码,得到数字信号,如图 6-11 所示。

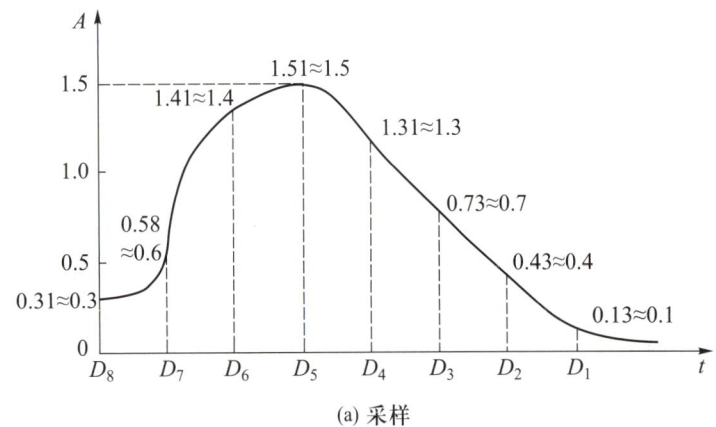

图 6-11 模拟信号的数字化过程

2. 数据压缩技术

数字化处理后的信息,特别是视频信息数据量非常大,要占据很大的存储空间。为了便于加工和传输,就要对其进行压缩。

数据之所以可以实现压缩,是因为原始信号存在很大的冗余,数据之间存在相关性,并且压缩处理后的信息仍能达到令人满意的质量。数据压缩实际上是一种编码过程,即根据原始数据的内在联系将数据从一种编码映射为另一种编码,以减少表示信息所需要的总位数。

数据压缩从不同的角度有不同的分类,根据质量有无损失可分为无损压缩和有损压缩。

① 无损压缩。无损压缩是指将相同或相似的数据或数据特征归类，使用较少的数据量描述原始数据，以达到减少数据量的目的。这种方法压缩的文件可以完全还原，不影响文件内容，对于图像而言，不会使图像细节有任何损失，但压缩率有限。目前常用的压缩工具，如 WinZip、WinRAR 都属于这一类。

② 有损压缩。有损压缩是指利用人类视觉和听觉器官对图像或声音中的某些频率成分不敏感的特性，允许在压缩过程中损失一定的信息以减少数据量。有损压缩不能完全恢复原始数据，会产生失真，但压缩比可以很高。

无损压缩广泛应用于文本、程序数据的压缩。有损压缩广泛应用于语音、图像和视频数据的压缩。

3．文件格式转换

随着数字媒体技术的发展，产生了多种多样的媒体文件格式。同一种媒体格式，很难做到适应所有的电子设备，一种电子设备也不可能支持所有格式的媒体文件。这种情况下，就需要对媒体文件格式进行转换。常见的格式转换软件有"格式工厂"、Total Video Converter 等。

实践体验

转换文件格式

高老师有一张以前的 DVD 光盘，存储着一段教学视频，文件格式为 VOB，这是 DVD 视频媒体使用的容器格式，能够将视频、音频、字幕、DVD 菜单和导航等多种内容整合在一个流格式中。高老师觉得 DVD 光盘使用不太方便，文件也很大，想把其中一段视频转换为 MP4 格式，下面我们就来帮助高老师完成这项任务。

1．转换文件格式

① 下载、安装并运行"格式工厂"软件。

② 打开"视频"面板，选择转换后的文件格式为 MP4，如图 6-12 所示。

③ 在弹出的"→MP4"窗口中，单击"添加文件"按钮，选择需要转换的文件，单击"打开"按钮，添加需要转换的文件。返回"→MP4"窗口，可以看到要转换的文件及其基本属性已经显示在文件栏中，单击"输出配置"按钮，打开"视频设置"对话框，可以对输出文件进行配置，并指定输出位置，这里使用默认值，单击"确定"按钮，如图 6-13 所示。

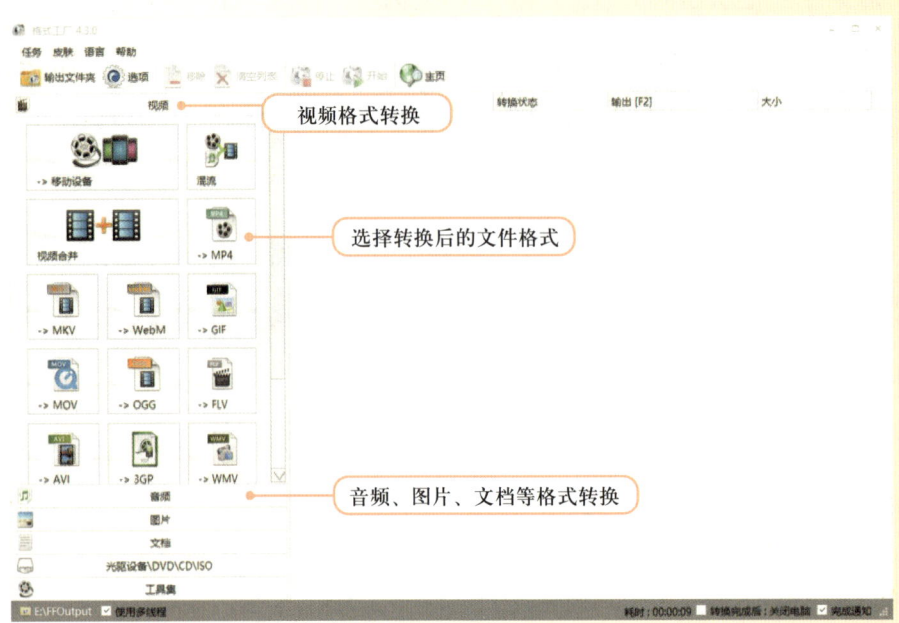

图 6-12　选择转换后的文件格式

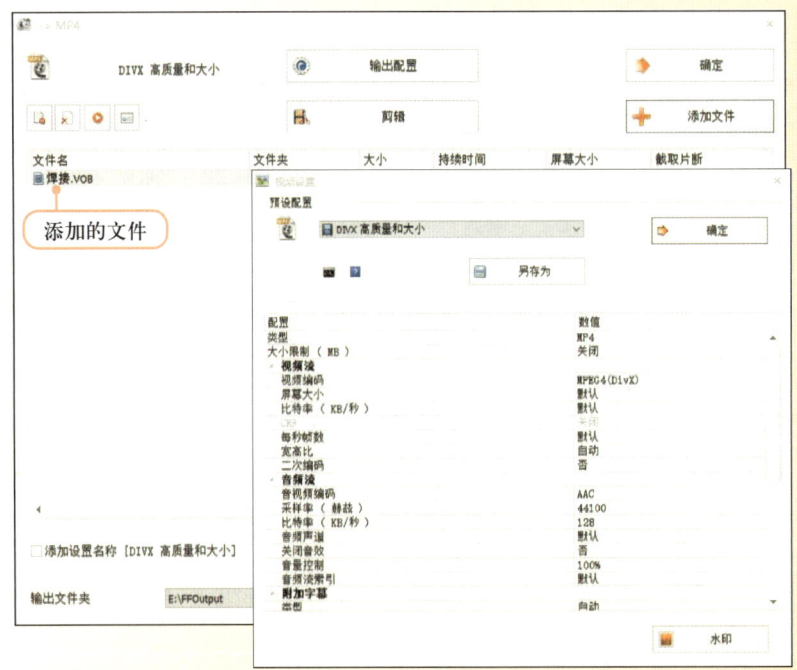

图 6-13　添加文件并设置参数

④ 返回主界面，单击"开始"按钮，进行文件转换。可以看到窗口中显示了转换后的文件格式和转换进度，待转换进度显示"完成"时，文件转换就完成了。可以在输出文件夹中查找并使用该文件，如图 6-14 所示。

2. 比较格式转换前后文件

比较格式转换前后两个文件的大小和画面清晰度，完成表 6-3 中内容。

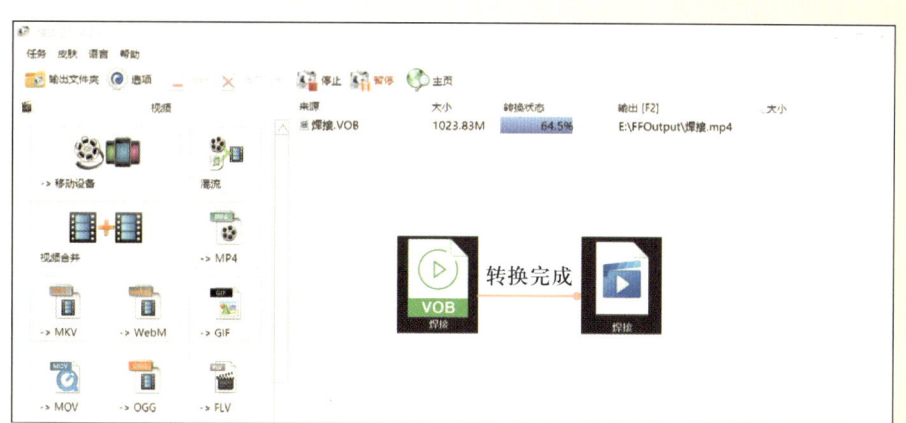

图 6-14 转换文件格式

表 6-3 格式转换前后文件比较

	文件格式	文件大小	画面清晰度
转换前			
转换后			

 巩固提高

尝试使用"格式工厂"软件对音频、图片文件进行格式转换。

探究与合作

1. 获取文本文件

通过语音识别和扫描转换是获取文本文件的两种新途径，实际应用方便、高效。尝试分别选择一款软件，如讯飞输入法、"扫描全能王"APP，体验这两种方式，并以小组的方式交流使用的感受。

2. 录制音频

操作系统自带的"录音机"软件可以录制声音。如果计算机连接了麦克风，尝试录制一段自己的语音，如绕口令、成语故事、诗朗诵等；如果没有麦克风，尝试录制一段计算机上视频播放的声音。

6.2 制作简单数字媒体作品

随着技术的发展，制作数字媒体作品的工具越来越丰富，制作过程也越来越容易。我们可以根据作品的设计要求，运用文字、图像、音频、视频与动画等各种元素，制作自己的数字媒体作品，表达主题与情感。

> **学习目标**
> - 了解图像处理的相关知识，会用软件加工处理图像；
> - 了解动画的基本原理，会用软件制作简单动画；
> - 了解视频编辑的相关知识，会用软件制作短视频。

任务1 加工处理图像

图像是人类获取和交换信息的主要来源之一。图像处理主要包括图像绘制、变换、编辑、剪裁、合成等内容，广泛应用于数码照片处理、视觉创意、平面设计、动漫设计、服装设计、建筑效果图后期修饰等诸多领域。图像处理软件常用的有"美图秀秀"、Photoshop、CorelDRAW、Illustrator 等。

图像处理需具备一定的美学知识，下面重点学习构图和色彩的基础知识。

1. 构图

构图是指根据作品主题思想的要求，把要表现的形象适当地组织起来，构成一个协调、完整的画面。构图要做到突出主体，陪体烘托主体，两者相互呼应；还要讲究画面动中有静、动静相宜的均衡和稳定，同时要尽量避免画面平均分配、四平八稳。

（1）黄金分割法

黄金分割法是指将整体一分为二，较大部分与整体部分的比值等于较小部分与较大部分的比值，其比值约为 0.618。实际应用中常用 2∶3、3∶5、5∶8 等近似值进行构图，画面和谐，更具平衡感，如图 6-15 所示。

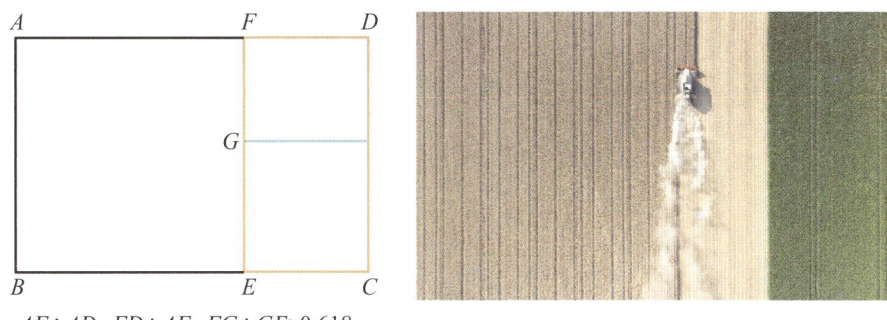

$AF:AD=FD:AF=FG:GE≈0.618$

图 6-15　黄金分割法

（2）三分法

三分法是构图的基本方式，即把画面横竖各分为三等份，然后把主体放在这些线或线的交点上，可以达到突出主体的效果，如图 6-16 所示。

图 6-16　三分法

（3）均衡法

均衡法有对称平衡和非对称平衡，是一种相互呼应、相对平衡的视觉艺术，主要画面之间无明显的主次之分，画面的整体构图均衡且相互制约，如图 6-17 所示。

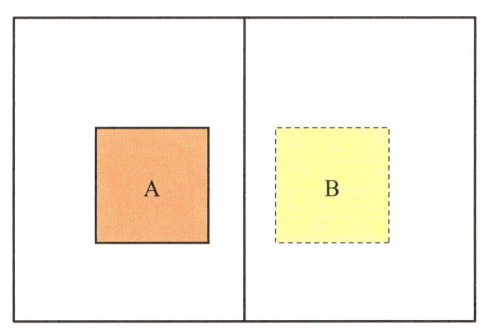

图 6-17　均衡法

6.2　制作简单数字媒体作品

2. 色彩

色彩分为无彩色和有彩色两种类型。无彩色即黑、白、灰，如图 6-18 所示。

图 6-18　黑、白、灰

有彩色的基础是红、黄、蓝三种颜色，称为三原色，通过三原色之间的调和，可以得到其他不同的颜色。借助色相环可以对色彩进行正确的判断和分析，在色彩设计中非常实用，如图 6-19 所示。色相环上位置相对的颜色称为补色，补色的强烈对比可产生动态效果；一种颜色和其相邻的颜色称为相似色，使用相似色可产生和谐、统一的效果。

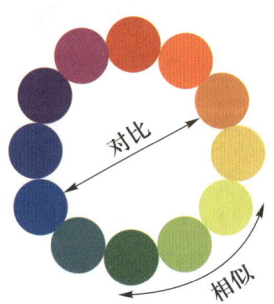

图 6-19　色相环

在生活中，色彩会与一些事物建立关联，使人的心理产生变化。例如，黑色代表庄严、沉重、神秘，白色代表纯洁、神圣、朴素，红色代表吉祥、喜庆、热情，橙色代表甜蜜、快乐、光明，黄色代表明亮、活泼、自信，绿色代表自然、清新、和平，蓝色代表深沉、理智、沉稳，紫色代表优雅、高贵、魅力。

讨论与交流

日常生活中，你最喜欢哪种颜色？为什么？

实践体验

制 作 胸 牌

为弘扬劳动光荣、技能宝贵、创造伟大的时代风尚,小信所在学校将举办"我是大国小工匠"技能展示主题活动,小信作为宣传组的成员,负责给每一位参加技能展示的同学制作一个胸牌,如图 6-20 所示。

图 6-20　胸牌效果图

1. 将照片背景处理成透明

① 下载、安装并运行"美图秀秀"软件。

② 选择"抠图"选项卡,单击"打开"按钮,选择照片素材,如图 6-21 所示。

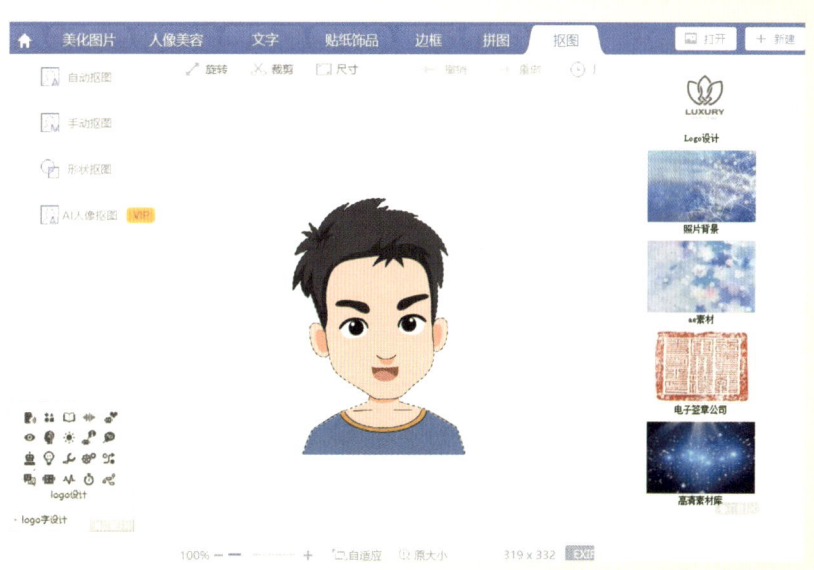

图 6-21　打开照片

③ 不难发现,照片带有白色背景,而美观的胸牌一般将照片背景处理为透明,

6.2　制作简单数字媒体作品

使其与背景融为一体。选择"自动抠图",打开"抠图"窗口。根据左侧操作提示,在要抠图的区域画线,即可完成自动抠图,如图 6-22 所示。抠图得到的透明背景照片如图 6-23 所示,单击"保存图片"按钮,命名为"照片 .png"。

图 6-22　自动抠图　　　　　　　　　　　　图 6-23　抠图效果

2. 合成胸牌

① 单击"新建"按钮,打开"新建画布"对话框,按照常见活动胸牌的大小,设置宽度为"8 厘米"、高度为"12 厘米",背景色选择默认的蓝色到黄色渐变,单击"应用"按钮,新建画布,如图 6-24 所示。

图 6-24　新建画布

② 右击画布，在快捷菜单中选择"插入一张图片"命令，选择"照片.png"，适当调整大小。单击"文字"选项卡，输入相应文字并调整格式，完成后命名为"胸牌.jpg"，如图 6-25 所示。

图 6-25 合成胸牌

 巩固提高

尝试使用"美图秀秀"软件进行生活照的处理和美化。

任务 2　制作动画作品

动画按照形式可以分为平面动画、立体动画和计算机动画，前两种属于早期手工动画。平面动画就是常说的二维手工动画，需要手工绘制每一张画面，经典作品有早期的动画片《大闹天宫》《小蝌蚪找妈妈》等。立体动画主要指偶动画，制作材料有黏土、木材、橡胶等，经典作品有早期的动画片《神笔马良》《阿凡提》等。计算机动画是使用计算机技术制作的动画。本任务主要学习计算机动画。

1. 计算机动画

实验证明，当画面刷新率达到24帧/秒，即每秒放映24张画面时，人眼看到的就是连续的画面效果。从空间的视觉效果上看，计算机动画有二维动画和三维动画两类，如图6-26所示。计算机动画制作常用的软件有Animate、3ds Max等。

(a) 二维动画　　　　　　　　　　　　(b) 三维动画

图6-26　计算机动画

2. GIF闪图

GIF是8位图像文件，它能存储成背景透明的图像形式，支持位图、灰度和索引颜色模式。该格式保存的文件较小，所以网页中插入的图像文件常使用此格式。

GIF闪图是一种特殊的计算机动画，它将多幅图像数据保存为一个图像文件，多幅图像数据逐幅读出并显示到屏幕上，形成一种简单的动画。

GIF闪图可以表现丰富的内容，如事件发生的前后画面、植物的生长过程，如图6-27所示。若中间图像足够多，就可以表现为流畅的动画效果，是一种在网络上非常流行的文件格式。

图6-27　植物生长过程中间图像

实践体验

制作"少年奔跑"闪图

小信在"我是大国小工匠"技能展示主题活动中,还负责制作视频,他想用闪图形式制作一段片头素材,表现少年奔跑的画面,营造青春洋溢的氛围。

1. 收集闪图素材图片

要使用闪图表现连续的动作画面,并且无跳跃感,避免观者产生不适感,需要多张动作分解图,如图 6-28 所示。

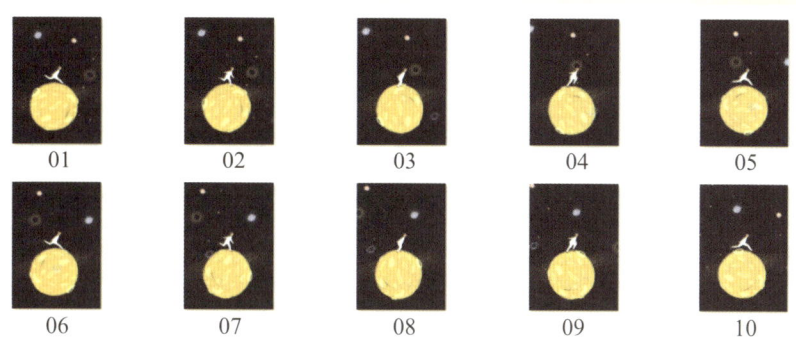

图 6-28 闪图素材

2. 制作闪图

打开"美图秀秀"软件,在主界面中选择"动态图片",打开"闪图"对话框。导入所有素材,在对话框中可以调整单张图片的位置及显示大小,调节闪图的速度,修改闪图大小,最后保存为"少年奔跑.gif",如图 6-29 所示。

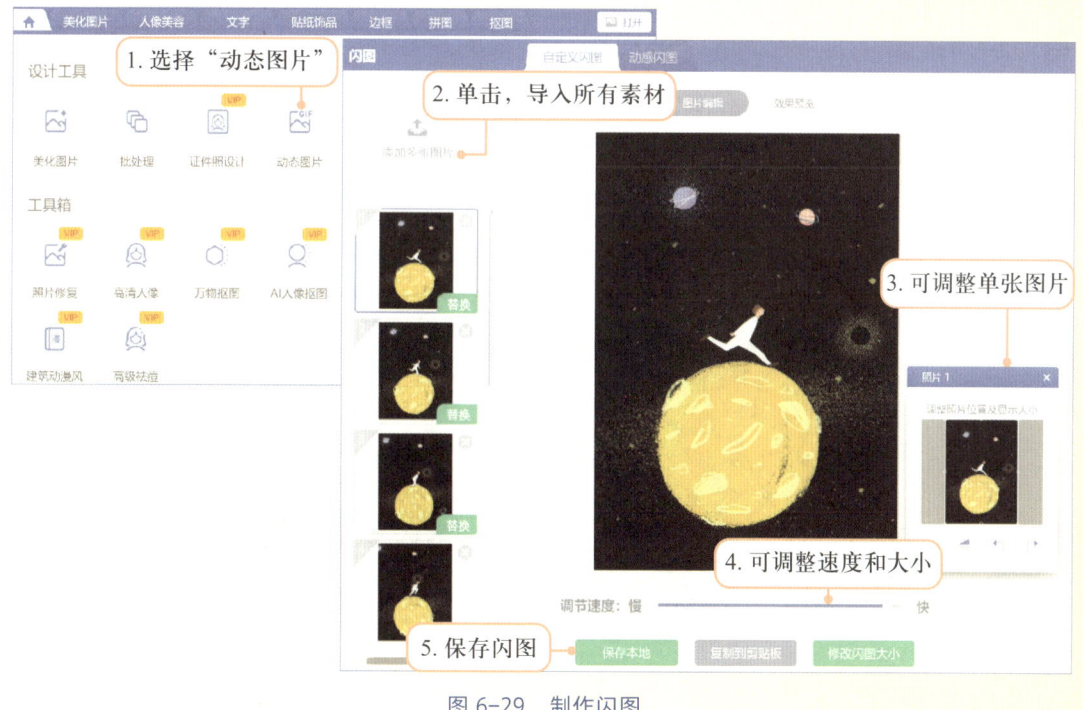

图 6-29 制作闪图

6.2 制作简单数字媒体作品

> **巩固提高**
>
> 尝试用"美图秀秀"软件，做一个自己的表情包。

任务 3　制作短视频作品

1．短视频制作流程

短视频的制作流程一般分为以下三步。

（1）脚本创作

根据选题进行脚本创作，脚本就是整个拍摄流程，或者说是拍摄说明书，如选择在哪里拍，用什么样的镜头，全都在脚本中确定下来，示例见表 6-4。

表 6-4　"我是大国小工匠"脚本部分示例

序号	镜头	内容	旁白	音效	时间
1	近景	在机加工实训车间拍摄焊接操作过程			
2	全景到特写	在电工实训室拍摄手工补焊操作过程			
…					

（2）拍摄素材

根据脚本拍摄一个一个镜头，此时需要准备器材道具，也要考虑画面该怎么拍，如图 6-30 所示。如果有条件，可以使用专业设备拍摄素材，也可以直接用手机配合手持防抖架进行拍摄。

图 6-30　拍摄素材

（3）视频剪辑

所有素材准备完毕，根据脚本的要求去剪辑，必要时配上音乐和特效。常用视频剪辑软件有 Windows 操作系统自带的"照片"及专业的 Premiere、"会声会影"等。

2. 视频剪辑基础知识

（1）景别

景别是指摄像机与被摄对象的距离不同，造成被摄体在画面中呈现出不同的大小。景别大致可分为远景、全景、中景、近景和特写，如图 6-31 所示。

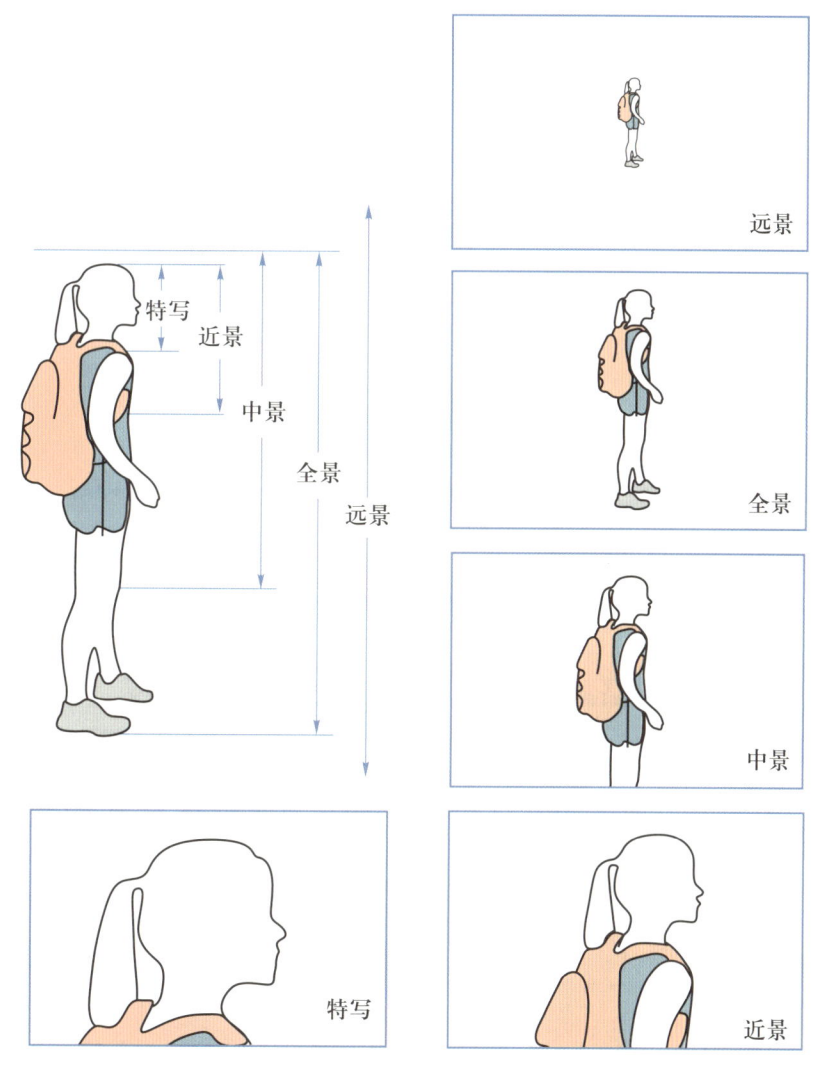

图 6-31 景别

（2）镜头运动方式

镜头的运动方式是利用摄像机在推、拉、摇、移、升、降等形式的运动中进行拍摄的方式，是突破画框边缘的局限、拓展画面视野的一种方法。镜头运动方式必须符合人们观察事物的习惯。

（3）镜头组接规律

一个完整的视频作品是由一系列的镜头按照一定的排列次序组接起来的，要想让这些镜头融合为一个完整的统一体，镜头的发展和变化需符合一定的规律。

① 镜头的组接要符合观众的思维方式和影视表现规律。

② 景别的变化要采用循序渐进的方法。

③ 镜头组接中的拍摄方向遵循轴线规律。

④ 镜头组接要遵循动接动、静接静的规律。

⑤ 镜头组接要讲究色调的统一。

> **实践体验**

制作"我是大国小工匠"视频

三百六十行，行行出状元，无论从事什么职业，都离不开精益求精的工匠精神。小信决定在"我是大国小工匠"视频中，插入一些体现工匠精神的素材。

1. 导入素材文件

打开 Windows 操作系统自带的"照片"软件，选择"视频编辑器"选项卡，单击"新建视频项目"按钮，弹出命名对话框，命名后进入视频编辑窗口。先将素材导入项目库，再按照视频播放顺序，将项目库中的文件拖入故事板，如图 6-32 所示。

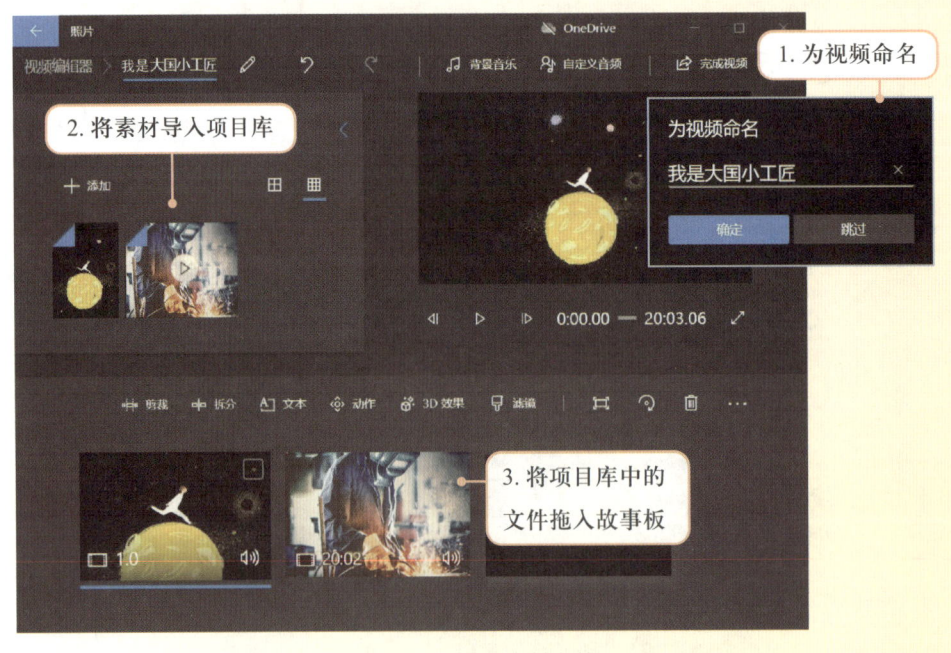

图 6-32 导入素材文件

2. 添加标题文字

选中片头素材"少年奔跑.gif",单击"文本"按钮,进入文本编辑窗口。输入标题文字,选择合适的动画文本样式和布局样式,还可以调整文字出现的时间,效果满意后,单击"完成"按钮,如图 6-33 所示。

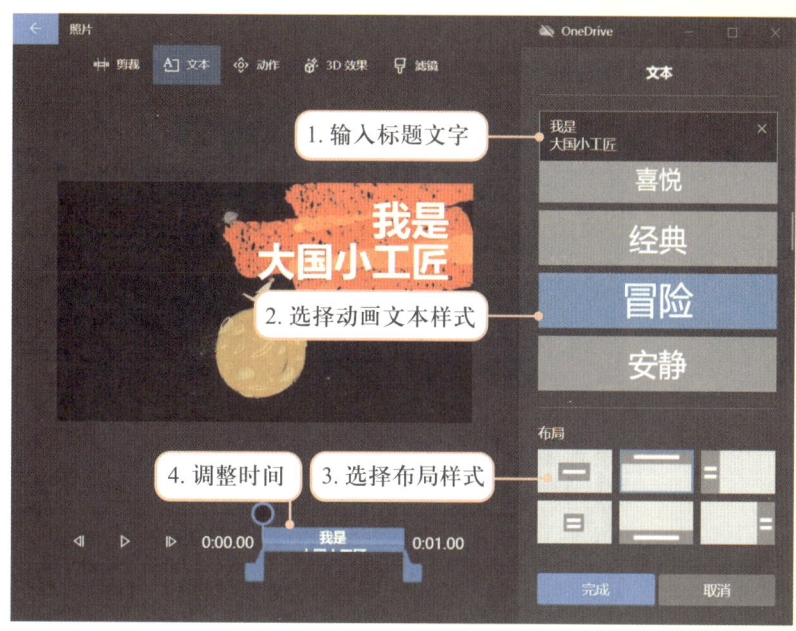

图 6-33　添加标题文字

3. 编辑主体视频

选中故事板中第 2 段视频,单击"剪裁"按钮,进入剪裁窗口。直接拖动时间线,选择需要保留的视频片段,单击"完成"按钮,回到编辑主窗口。此时,视频左右两侧呈现黑条,单击故事板中"删除或显示黑条"按钮,选择"删除黑条"命令,视频画面更加美观,如图 6-34 所示。

图 6-34　编辑主体视频

6.2　制作简单数字媒体作品　121

4. 添加背景音乐

在编辑主窗口中，单击"背景音乐"按钮，在弹出的对话框中选择"数字地平线"，单击"完成"按钮，如图 6-35 所示。

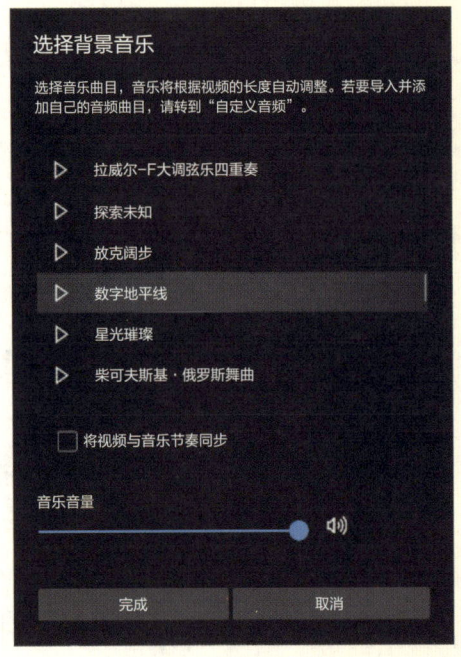

图 6-35　添加背景音乐

5. 导出视频

预览视频，效果满意后，单击"完成视频"按钮，在弹出的对话框中选择视频质量，如图 6-36 所示，单击"导出"按钮，完成"我是大国小工匠 .mp4"视频。

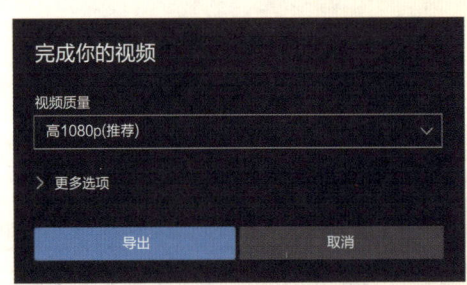

图 6-36　选择视频质量

巩固提高

尝试使用"照片"软件中的"动作""3D 效果""滤镜"功能。

> 探究与合作

1. 更换证件照背景色

Photoshop 是一款经典的图像处理软件，尝试使用该软件更换证件照背景色。

2. 制作职业技能场景短视频

上网查找本专业相关行业有哪些大国工匠，自选软件，制作一个反映本专业职业技能场景的短视频，与同学们一起分享。

6.3 设计演示文稿作品

演示文稿是常见的一类数字媒体作品，广泛应用于工作总结、会议报告、培训教学、宣传推广、项目竞标、职场演说、产品发布等场合，我们也可以用演示文稿和老师、同学一起分享学习心得、生活感悟和校园生活等。

> **学习目标**
>
> - 了解数字媒体作品设计思路；
> - 了解演示文稿制作的一般要求；
> - 会使用演示文稿软件制作数字媒体作品。

任务1 构思演示文稿作品

演示文稿由若干张幻灯片组成，每张幻灯片都由一些对象组成，对象可以包括标题文字、项目列表、说明文字、图像、表格、音频、视频和动画等。

1. 设计思路

不同类型的数字媒体作品功能不同,其表现形式也不相同,不同的应用场合对数字媒体作品也有不同的要求,但设计思路是一致的。首先应该进行规划设计,思考主题是什么、选择什么素材、采用何种形式、使用什么软件来表现主题。清晰的设计思路是制作一个优秀的数字媒体作品的前提,而且能节省大量时间。

(1) 主题和内容

主题是作品中所表现的中心思想,是作者通过作品要表达的感情、说明的道理或展现的内涵。我们可以根据日常生活、学习中获得的感悟来确定主题,如"学雷锋志愿服务""孝老敬亲文化教育""校园文化艺术节"等一系列主题活动,紧紧围绕各种主题选取恰当的内容。

(2) 数字媒体素材的选择

常用数字媒体素材及其作用参见表6-5。

表6-5 常用数字媒体素材及其作用

素材类型	作用
文字	最常用的媒体元素之一,能够直接、准确地传递信息
图像	直观、形象,能够反映客观现实,同时美化界面
音频	能够渲染气氛,增加作品的感染力
视频	能够展现过程和环节,让精彩片段原景重现
动画	生动有趣,能够增强趣味性

(3) 数字媒体作品呈现形式

常见的数字媒体作品呈现形式有电影、电视剧、广播剧、各类广告、网页、演示文稿等,可以根据现有素材、设备条件、主题表达和应用场合等进行选择。

(4) 数字媒体作品制作软件

可以制作数字媒体作品的软件有很多。计算机端常用的数字媒体作品制作软件有Photoshop、Dreamweaver、Premiere、Office等,手机端常用的数字媒体作品制作软件有"美篇""快手""抖音"等APP。

2. 制作演示文稿的一般要求

(1) 结构完整

一个完整的演示文稿至少包含封面页、内容页和结束页,还可以根据需要增加摘要页、目录页、转场页和总结页等。

（2）布局合理

一张幻灯片就是一件数字媒体作品，在布局时要将页面内的文字、图片或视频等构成要素根据主题和内容的需要进行有序的排列组合，色彩搭配合理，创造和谐、统一、重点突出的视觉效果，如图 6-37 所示。

(a) 读书活动　　　　　　　　　　(b) 公益宣传

(c) 设计方案　　　　　　　　　　(d) 教学课件

图 6-37　布局示例

制作时需要注意以下几点。

① 版面应简洁，不宜过满，要有一定的留白。

② 合理安排位置，在突出的位置放置需要重点表现的内容。

③ 颜色使用不宜过多，并且图片、文字等素材的颜色要和背景色有一定的对比度。

④ 文字不能过于密集，为了取得好的阅读效果，可以采用不同字体和不同风格来修饰文字，但作为标题的文字尽量风格统一。

⑤ 图文并茂的演示文稿可以提升阅读体验，图片的选择应注意：图片内容与主题相匹配；纵横比合适，避免拖拉变形；清晰度足够，满足播放环境的需求。

实践体验

构思"探秘海洋世界"演示文稿

推动绿色发展，持续深入打好蓝天、碧水、净土保卫战是每个公民的责任和义务。为了宣传保护海洋环境，小优想结合自己在海岛旅行时的所见所闻所思，制作演示文稿，与同学们一起分享。

1. 确定主题和内容

根据自己的思路绘制思维导图，确定作品的主题和内容，如图6-38所示。

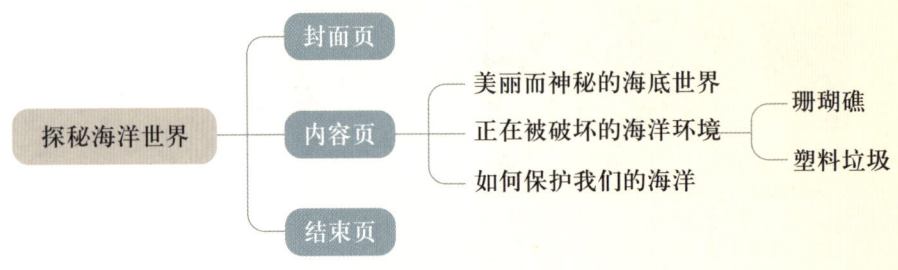

图6-38 主题和内容思维导图

2. 准备素材

有了明确的主题和内容，需要选用合适的素材来表现。尝试根据前面确定的思维导图，参考表6-6，完成素材的准备。

表6-6 选用的素材和设计意图

幻灯片	文字	图片、视频素材示例	设计意图
封面页	探秘海洋世界		用一张少年在海底探险的图片作为配图，希望传递给观众一起去探秘海洋世界的憧憬
内容页（1）	美丽而神秘的海底世界		用图片和视频展现海底世界的海洋动物，激发观众对海底世界的喜爱和向往
内容页（2）	• 正在被破坏的海洋环境 • 有关珊瑚礁的文字内容		海洋动物这么可爱，但它们的生存环境却正在被破坏，用图片和文字，向观众阐述原本生机勃勃的珊瑚逐渐白化、死亡
内容页（3）	• 正在被破坏的海洋环境 • 有关塑料垃圾的文字内容		直观展示海洋环境遭受破坏的一大原因是塑料垃圾，用触目惊心的图片传达保护海洋的紧迫感

续表

幻灯片	文字	图片、视频素材示例	设计意图
内容页（4）	• 如何保护我们的海洋 • 有关保护措施的文字内容		通过文字告诉大家怎么做才能保护海洋环境，再配一张人类与海洋动物友好共处的手绘画
结束页	谢谢大家！		只用文字略显单调，配一张信息技术课上使用"画图3D"绘制的图片，主题契合，图文并茂，首尾呼应

任务 2 制作基础版演示文稿

1. 视图模式

WPS 演示文稿有普通视图、幻灯片浏览视图、阅读视图和幻灯片放映等多种视图模式。其中，普通视图是默认视图，如图 6-39 所示。其中，在编辑区中，可以编辑单张幻灯片的内容；在导航窗格中包括"大纲""幻灯片"两个选项卡，可以看到幻灯片的缩览情况，调整幻灯片的结构，新建、复制、移动和删除幻灯片；在备注窗格中，可以添加备注文字；在右侧任务窗格中，常用的是"对象属性""动画窗格""幻灯片切换"三个按钮，单击这些按钮，将出现相应任务窗格，可进行具体设置。

图 6-39 普通视图

6.3 设计演示文稿作品

> **讨论与交流**
>
> 其他视图模式各有什么特点？能实现什么功能？

2. 模板

模板是已经做好了页面的排版布局设计，使用者只需在相应的位置输入文字，更改里面的图片，即可完成演示文稿的制作。除了利用"文件"→"新建"→"本机上的模板"，还可以选择"设计"选项卡，单击"更多设计"按钮，从弹出的对话框中选择合适的模板，如图6-40所示。

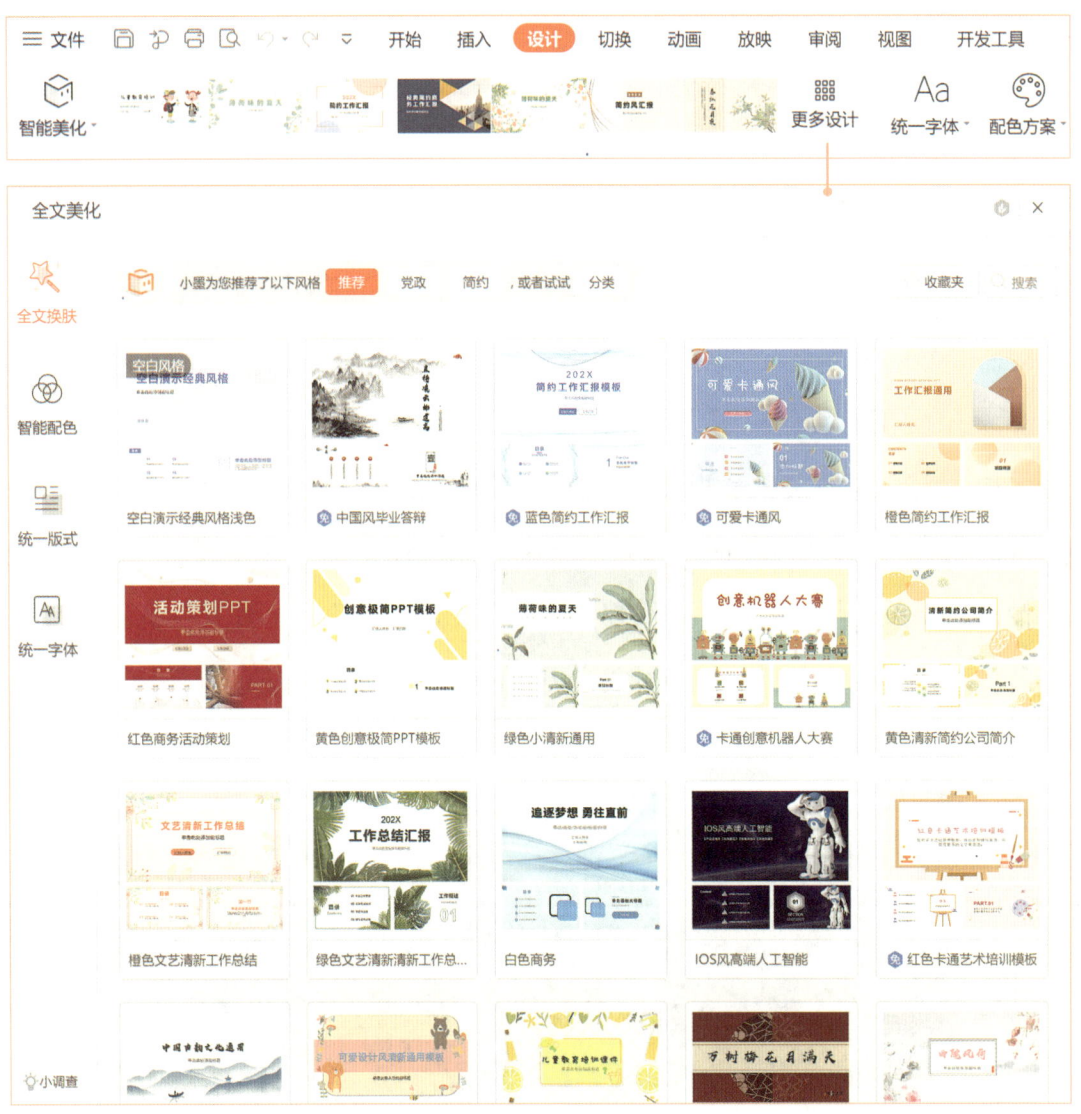

图 6-40 模板

例如，制作一个环保主题的演示文稿。在"搜索"文本框中输入"环保"，查找相应的模板，直接应用到已有幻灯片；或者选中模板中需要的页面，插入到演示文稿中，如图6-41所示。

图 6-41 "环保知识教育"模板页面

 **实践体验**

制作基础版"探秘海洋世界"演示文稿

根据作品内容需求,小优选择浅蓝色渐变背景,制作基础版"探秘海洋世界"。

素材及资源

1. 新建演示文稿

新建一个空白演示文稿,在右侧"对象属性"任务窗格中,选择"渐变填充"单选按钮,设置蓝色线性渐变,单击"全部应用"按钮,如图 6-42 所示。

图 6-42 新建演示文稿

6.3 设计演示文稿作品

2. 保存演示文稿

为防止文件丢失,要及时保存文件。单击"文件"→"保存"命令,命名为"探秘海洋世界1"。

3. 输入文字并设置基本格式

在文本占位符中输入相应文字,在"文本工具"选项卡下设置文字的字体、大小和颜色等格式。单击文字,当文本占位符周围出现小圆圈,即可拖动鼠标移动位置或旋转角度,如图6-43所示。

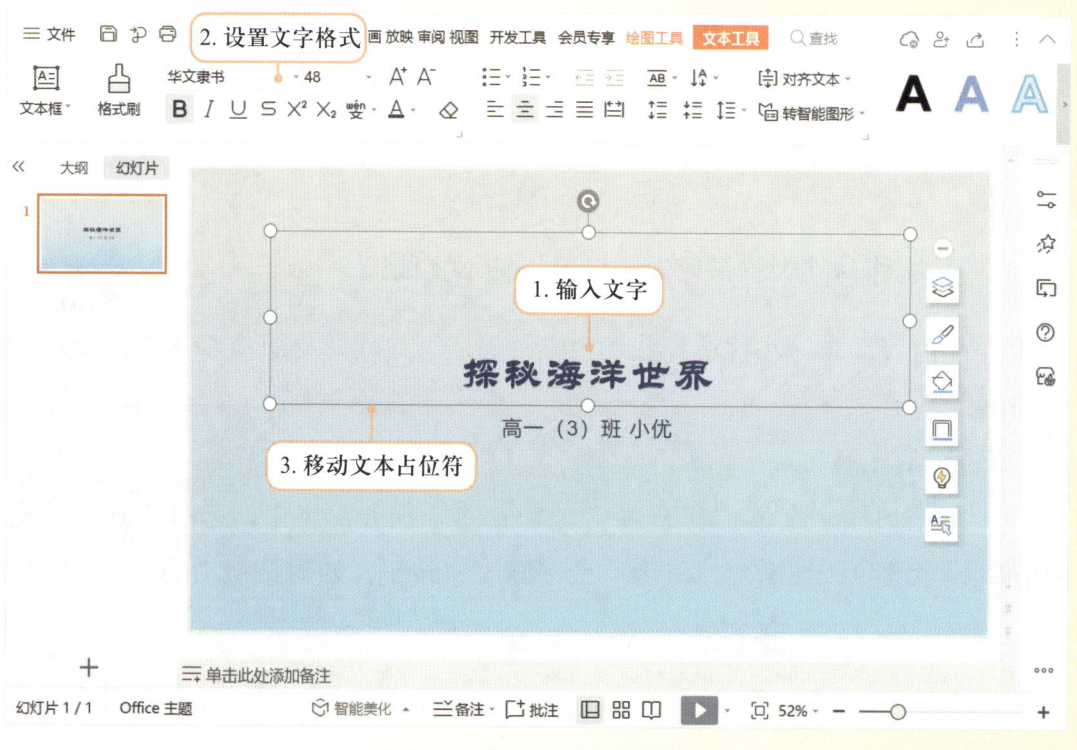

图6-43 输入文字并设置格式

4. 插入图片和视频

单击"插入"→"图片"按钮,选择图片素材,插入幻灯片中,调整图片位置和大小,如图6-44所示。插入视频的操作与插入图片相似,单击"插入"→"视频"→"嵌入本地视频"命令,选择视频素材,即可完成。

5. 新建幻灯片

单击"插入"→"新建幻灯片"下拉按钮,在下拉列表中选择合适的版式,新建幻灯片,如图6-45所示。也可以通过直接复制已有幻灯片添加新的幻灯片,在幻灯片中修改相应内容即可。

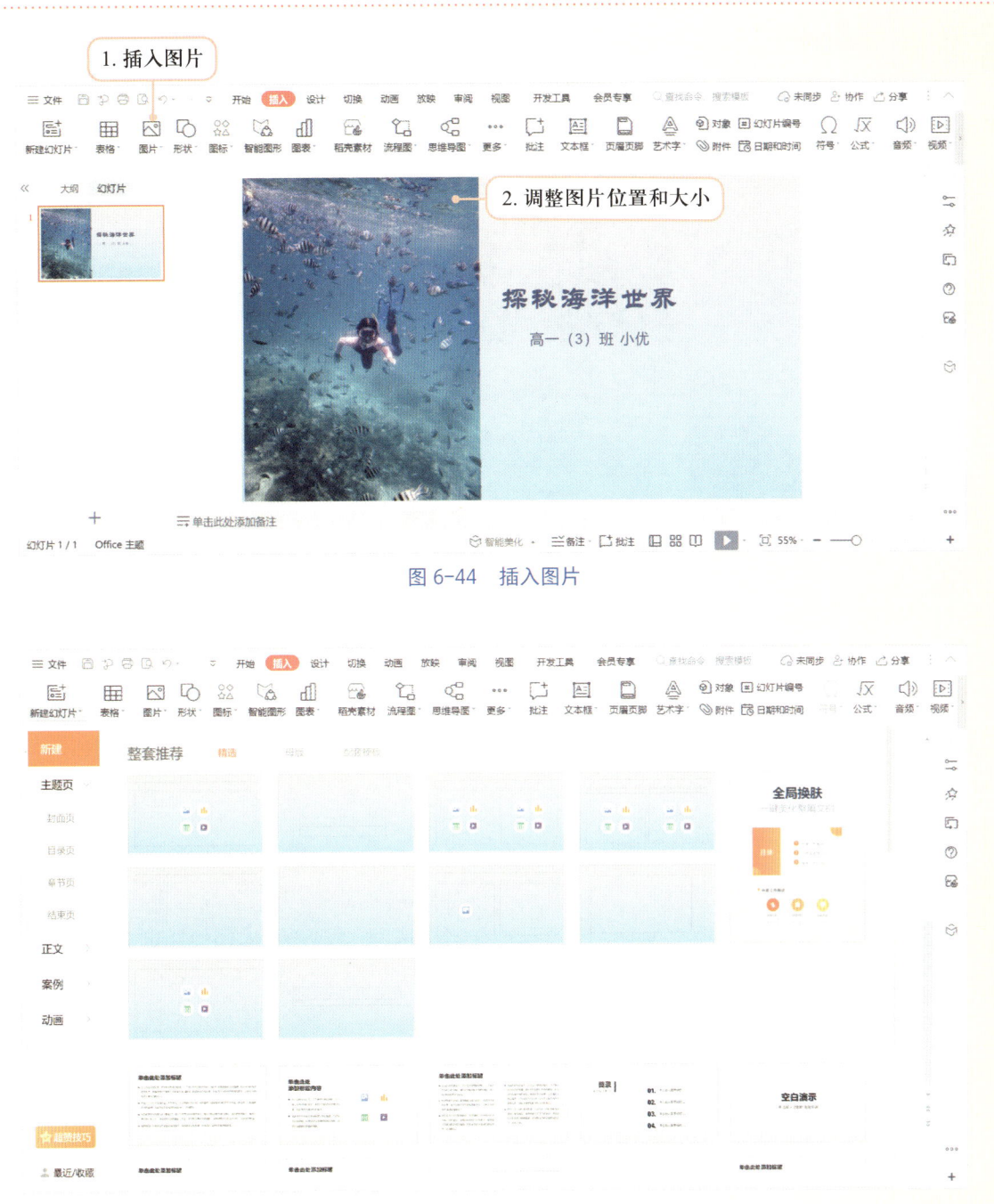

图 6-44 插入图片

图 6-45 新建幻灯片

6. 完成基础版演示文稿

在各张幻灯片中添加相应的文字、图片和视频，完成基础版演示文稿，保存文件。

单击"幻灯片浏览"按钮，可以看到演示文稿整体情况，如图 6-46 所示。单击"从当前幻灯片开始播放"按钮，即可查看放映效果。

图 6-46 基础版演示文稿

 巩固提高

尝试将完成的演示文稿更换为自己喜欢的模板风格，观察幻灯片中的文字是否自动更换为与模板搭配的字体和颜色。

任务 3　制作进阶版演示文稿

1. 页面动画和换片动画

页面动画和换片动画的区别如图 6-47 所示。

① 页面动画：指在 A 幻灯片中，其页面上出现的各种对象的动画效果。例如，进入效果、强调效果、退出效果及其他动作路径。

② 换片动画：指从 A 幻灯片到 B 幻灯片，中间出现的过渡动画。例如，设置 B 幻灯片的切换效果为"帘式"，显示的效果是，A 幻灯片从中央分开，两侧像舞台幕布般拉开，显示出 B 幻灯片。

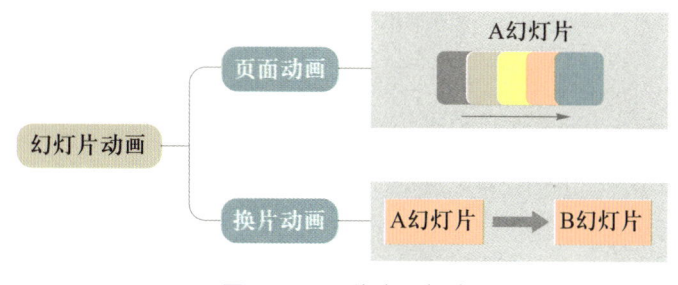

图 6-47　两种动画类型

2. 超链接和动作按钮

一般情况下，幻灯片在放映时都是按照幻灯片的顺序来进行放映的，但有时希望幻灯片在放映时实现跳转，有时还希望链接到演示文稿以外的文件，这时可以在幻灯片中为文本或其他对象创建超链接，或插入动作按钮，实现跳转。

3. 演示文稿的放映

单击"放映"选项卡，如图 6-48 所示。可以选择"从头开始""当页开始"按钮，也可以在普通视图中直接单击右下角的"幻灯片放映"按钮，放映幻灯片。通过"自定义放映"可以根据演讲者需求定义放映的幻灯片及顺序，但不修改演示文稿文件本身。通过"排练计时"功能可以实现自动播放。播放时还可以选择鼠标指针勾画重点。

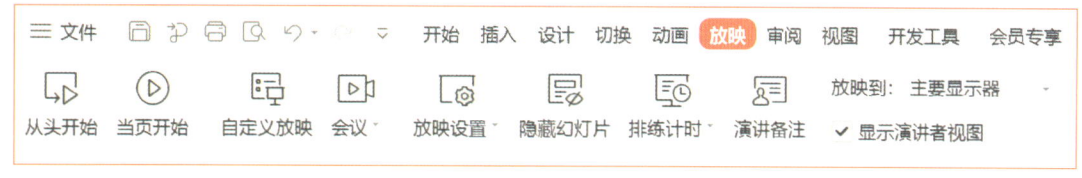

图 6-48　幻灯片放映

4. 演示文稿的打包

制作完成的演示文稿可以输出为其他类型文件格式，如 PDF、图片、视频等。这样，就可以在未安装 WPS Office 软件的计算机中，使用其他软件打开该演示文稿。输出为 PDF 文档时，还可以添加水印，如图 6-49 所示。

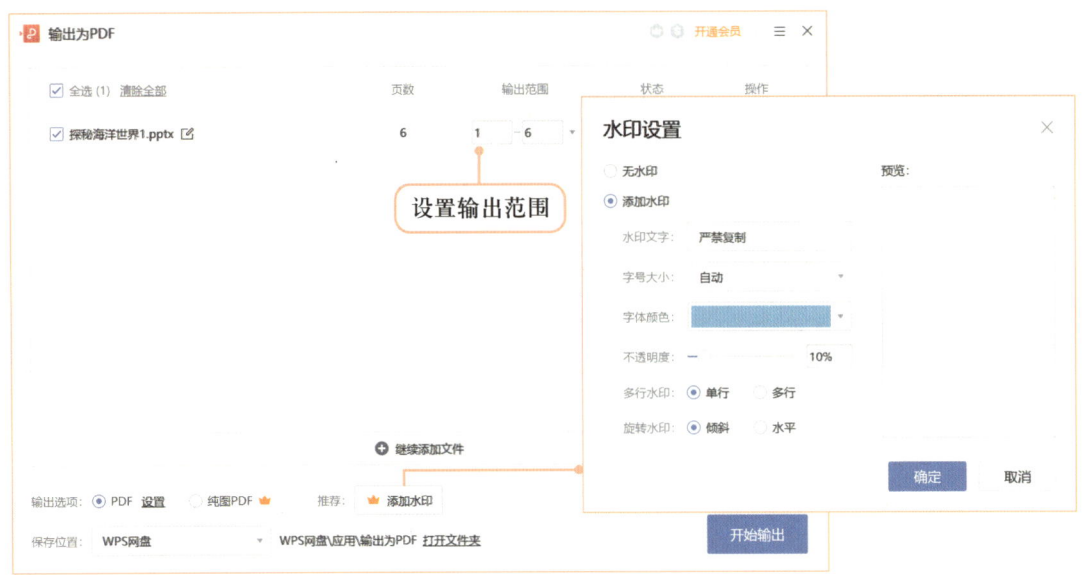

图 6-49　输出添加水印的 PDF 文档

 实践体验

制作进阶版"探秘海洋世界"演示文稿

小优分享的"探秘海洋世界"在班里得到了同学们的好评，她将代表高一（3）班参加学校举办的环保主题活动。她发现演示文稿是一个开放式的软件，可以利用自己平时的美学功底，发挥想象，创造性地制作更加个性化的作品。

1. 自定义幻灯片版式，确定作品整体风格

① 新建一个以白色为背景色的空白演示文稿，保存为"探秘海洋世界 2"。

② 单击"视图"→"幻灯片母版"按钮，进入幻灯片母版视图。单击"插入版式"按钮，新建一张版式，删除版式上默认的所有元素，插入背景图片素材，调整图片位置和大小，使版式上方呈现空白，下方充满背景图片，表现出深邃的海底画面。

③ 关闭幻灯片母版视图，删除默认创建的空白演示文稿。将"探秘海洋世界 1"的幻灯片复制到此，选中第 2~5 张幻灯片，即作品内容页，单击"版式"下拉按钮，在下拉列表中可以看到新建的版式，选中即可应用，不需要逐张添加并设置背景图片，如图 6-50 所示。

2. 美化内容页

（1）添加动画

① 在基础版演示文稿中，第 2 张幻灯片的内容过多，所以插入一张幻灯片，将图片和视频素材分开。

② 调整第 2 张幻灯片中的 5 张图片，使其一字排开，同时选中图片，右击，选择"组合"命令，将 5 张图片组合到一起，如图 6-51 所示。

图 6-50 自定义版式

图 6-51 组合图片

③ 选中图片组合，单击"动画"→"动画窗格"按钮，添加缓慢进入效果，使其做自左向右的直线运动，形成海洋动物游过的效果。在动画窗格中，可以看到这

一张幻灯片的所有动画，可以调整动画开始、方向和速度等，预览效果，如图6-52所示。

图 6-52 添加动画

（2）编辑视频

在第3张幻灯片中，选中视频对象，单击"视频工具"→"裁剪视频"按钮，弹出"裁剪视频"对话框，可以看到视频时间较长，直接拖动起始标记（绿色）和结束标记（红色），保留最精彩的一段，如图6-53所示。

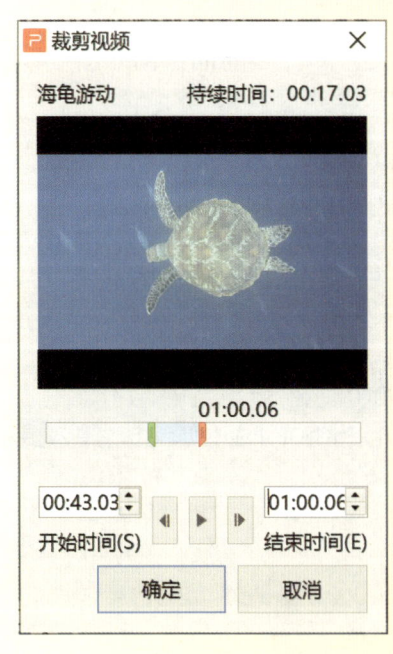

图 6-53 裁剪视频

（3）美化文字和图片

美化内容页中的文字和图片，以第 6 张幻灯片中的图片为例，该图片整体偏暗，选中图片，单击"图片工具"→"增加亮度"按钮，将图片适当调亮。还可以给图片增加外边框，设置三维旋转效果等，让图片显得更加生动活泼，如图 6-54 所示。

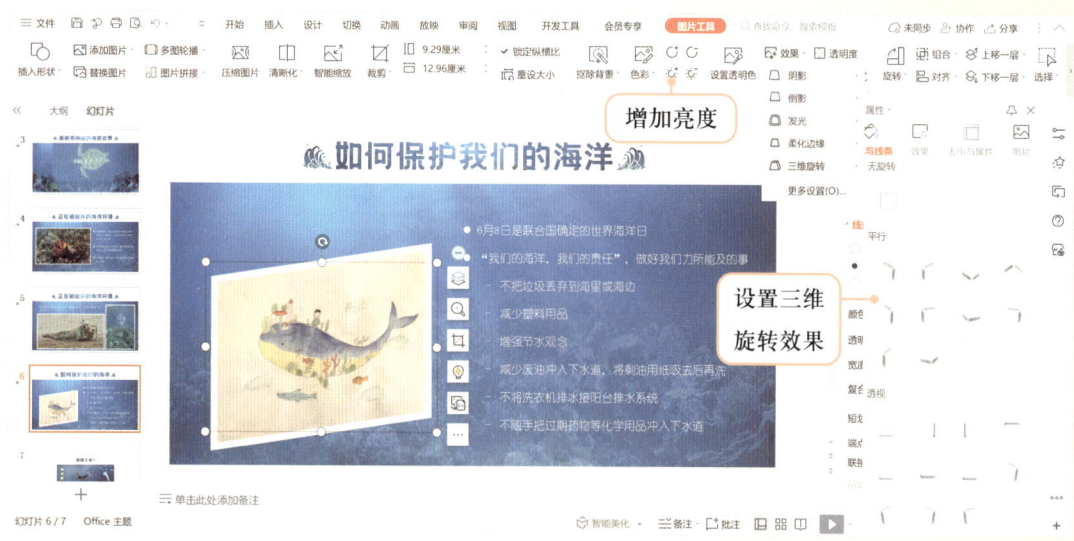

图 6-54　设置图片样式

3. 美化封面页和结束页

根据内容页整体风格，封面页可以设计为碧海蓝天的画面。标题文字"探秘海洋世界"随着涌动的海面上下起伏，上方是蔚蓝的天空，阳光投射到海面，潜水的少年在海底畅游，带给观众身临其境的感受，如图 6-55 所示。

图 6-55　封面页

制作过程中，通过幻灯片动画实现标题文字上下起伏、海底气泡不断往上冒的效果，通过 GIF 动画实现海面涌动效果，用图像处理技术处理背景图片，包括蓝天、海面、海底和少年的合成。

结束页与封面页呼应，直接复制封面页，修改文字即可。

4. 添加幻灯片切换效果

选中幻灯片，单击"切换"选项卡，选择一种切换效果，或单击右侧"幻灯片切换"按钮，打开相应任务窗格，选择一种切换效果，如"推出"，在效果选项中选择"向上"方向，如图 6-56 所示。添加切换效果后，可以使幻灯片放映效果更具动感。至此，完成进阶版演示文稿制作，保存文件。

图 6-56　添加幻灯片切换效果

巩固提高

将完成的"探秘海洋世界"演示文稿导出为视频格式。

探究与合作

制作演示文稿并互评

根据班级近期的主题活动，分小组制作相关主题的演示文稿，在班级内分享交流，根据演示文稿的常规制作要求设计评价量表并进行互评。

6.4 初识虚拟现实与增强现实

虚拟现实与增强现实是目前流行的视觉交互方式，能带给人们前所未有的真实感和沉浸感。目前这两项技术已经走进我们的生活，开始和不同行业融合，广泛应用在工业制造、娱乐、教育和医疗等领域。

学习目标

- 了解虚拟现实和增强现实技术的概念、特征和应用领域；
- 会使用工具体验虚拟现实和增强现实技术。

任务1 了解虚拟现实技术

1. 什么是虚拟现实

虚拟现实（Virtual Reality，简称VR）是以计算机技术为核心的多种相关技术共同创造的看似真实的模拟环境。用户可以通过多种专用设备沉浸其中，并能以自然技能与该虚拟环境进行交互，获得直观又自然的实时感知，产生身临其境的美妙体验。

虚拟现实技术是人类和计算机之间进行复杂数据交互的技术，它创造一种人工仿真环境，向用户提供视觉、听觉、触觉、味觉和嗅觉等感知功能，人们能够在这个虚拟环境中观察、聆听、触摸、漫游，并能与虚拟场景中的物体进行互动。

虚拟现实技术具有三大主要特征，分别是沉浸性、交互性和想象性。它包含以下四大要素。

（1）模拟环境

模拟环境要集视觉、听觉和触觉等高度仿真感受于一体，可以是某一特定现实世界的模拟，也可以是虚拟构想的世界。

（2）感知

为了实现沉浸特性，虚拟现实必须具备一些人类所具有的感知，如视觉、听觉、嗅觉和触觉等的仿真信息反馈。

（3）自然技能

自然技能是指用户在真实世界中常用的自然技能，如眼看、耳听、手势等。

（4）专用设备

现阶段虚拟现实中常用到的硬件设备，大致可以分为以下四类。

① 建模设备，如3D扫描仪等，如图6-57所示。

图6-57　3D扫描仪

② 三维视觉显示设备，如3D展示系统、大型投影系统（如CAVE）、头戴式立体显示器等，如图6-58所示。

图6-58　头戴式立体显示器

③ 声音设备，如三维的声音系统及非传统意义的立体声等。

④ 交互设备，如位置追踪仪、3D输入设备（如三维鼠标）、动作捕捉设备、力反馈设备（如虚拟游戏手柄）、数据手套等，如图6-59所示。

(a) 虚拟游戏手柄　　　　(b) 数据手套

图 6-59　交互设备

2. 虚拟现实技术的应用

虚拟现实强调用户在虚拟环境中的视觉、听觉、触觉等感官的完全浸没，能够让观众沉浸到另一世界并与之互动的能力。对于人的感官来说，它是真实存在的，而对于所构造的物体来说，它又是不存在的。因此，利用这一技术能够模拟许多高成本的、危险的真实环境。当前虚拟现实技术主要应用在游戏、教育、医疗、数据和模型的可视化、军事仿真训练、工程设计、城市规划等领域。

（1）游戏领域

借助眼镜、头盔等可穿戴设备，辅以手柄、手套、地毯等配件，让用户沉浸在游戏场景之中，给予其更真实的交互体验，如体感交互、压力反馈等。例如，玩家佩戴眼镜和手套进行交互游戏，如图 6-60 所示。

图 6-60　VR 游戏

6.4　初识虚拟现实与增强现实

（2）教育领域

虚拟现实技术在教育领域中的应用主要体现在可以构建虚拟学习环境、虚拟实验基地，能创造虚拟学习伙伴，可以建立虚拟仿真校园，还能做虚拟实验。例如，学校的VR体验馆，应用虚拟现实技术的硬件设施与软件环境，在教学中可以进行全真模拟展示和交互，增强教学的实践性和真实感，满足教学对3D立体展示和实践性的需求，如图6-61所示。

图6-61 VR体验馆

（3）医疗领域

虚拟现实技术在虚拟实验室、虚拟手术解剖等方面有广泛的应用。例如，通过重现环境、增强临场感和沉浸感，达到治疗心理疾病的目的；创建逼真的虚拟环境，为医生及医疗专业人员提供平台，以模拟手术等精细的操作；利用虚拟现实技术，医生可以更准确地了解患者体内病灶，以及对患者可能造成的功能损害。例如，在VR医学实验室，医生可以进行手术模拟训练，可以观察实验现场并进行多次重复操作，如图6-62所示。

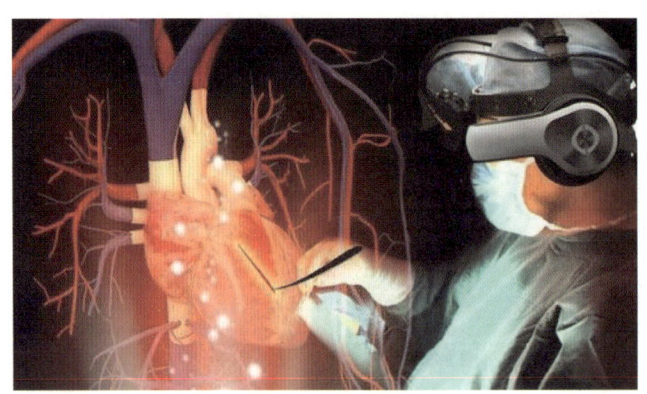

图6-62 VR医学实验室

> 实践体验

畅游 VR

选择网络资源，体验 VR 技术。

① 在浏览器中搜索并打开"央视网"，单击右侧菜单栏按钮，如图 6-63 所示。

图 6-63 "央视网"首页

② 在弹出的页面中选择"VR/AR"栏目，进入"VR/AR"专区，如图 6-64 所示。

图 6-64 "VR/AR"专区

③ 选择喜爱的节目，单击进入，出现动画提示页面，提示用户可以通过鼠标拖动调整观看角度，如图 6-65 所示。

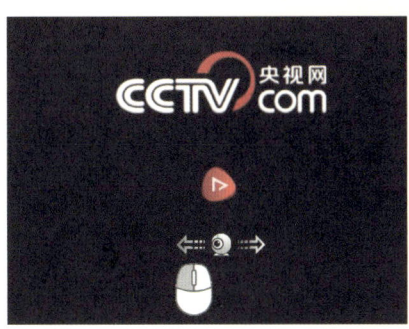

图 6-65 动画提示

④ 单击红色播放按钮，播放视频，观看时拖动鼠标，体验调整观看角度，如图 6-66 所示。

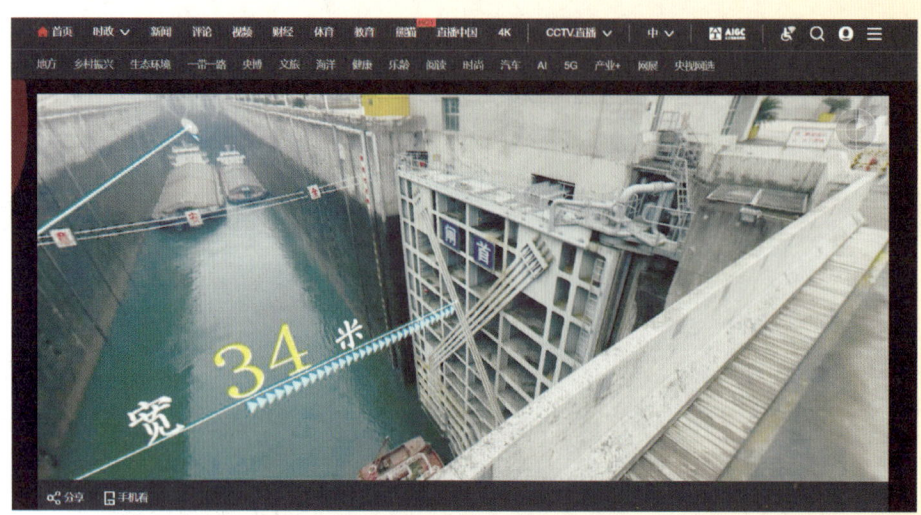

图 6-66 观看视频

任务 2　了解增强现实技术

1. 什么是增强现实

增强现实（Augmented Reality，简称 AR）是把虚拟信息（图像、音频、视频等）融合在现实环境中，两种信息互为补充，实现对真实世界的"增强"。

增强现实技术，是一种将虚拟信息与真实世界巧妙融合的技术，它具有以下三个突出的特点。

① 实现现实世界和虚拟世界的信息集成。

② 具有实时交互性。

③ 在三维空间中增添定位虚拟物体。

> 一般认为，AR 技术的出现源于 VR 技术的发展，但两者存在明显的差别。VR 技术追求给用户创造一种在虚拟世界中完全沉浸的效果，而 AR 技术则把计算机虚拟的事物带入到用户的"世界"中，强调通过交互来增强用户对现实世界的感觉。

2. 增强现实技术的应用

增强现实技术并非用虚拟世界代替真实世界，而是利用附加信息去增强用户对真实世界的感官认识，在教育、文化、旅游、工业科技等领域都有着广泛的应用前景。

（1）文化领域

在文化领域，可以运用增强现实技术数字化重建历史遗迹；也可将增强现实技术应用于博物馆展览，采用虚实结合的方式，将被动式的参观方式转变为互动式的多感官参观方式，使得博物馆展览更加直观、形象。例如，通过增强现实技术给兵马俑添加"兵器"，重现了士兵们的作战状态，如图 6-67 所示。

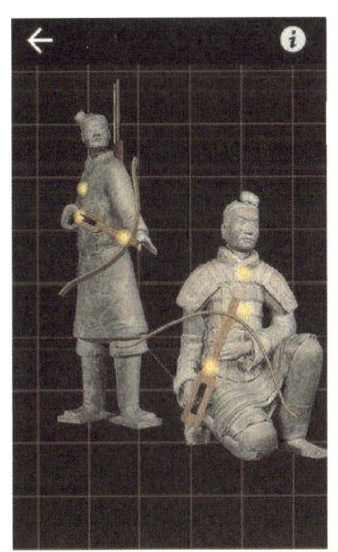
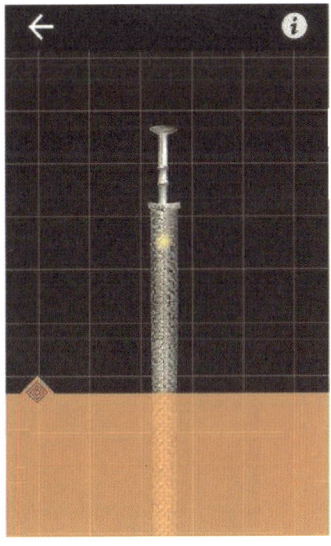

图 6-67　给兵马俑添加"兵器"

（2）旅游领域

人们在浏览、参观的同时，通过增强现实技术接收到途经建筑的相关资料，观看展品的相关数据资料。例如，通过增强现实技术给旅游景点进行标注，获得更好的参观体验，如图 6-68 所示。

图 6-68　给旅游景点进行标注

实践体验

使用"AR 尺子"APP 测量距离

没有工具，如何测量距离呢？让"AR 尺子"APP 来帮助你吧！

① 下载、安装并运行"AR 尺子"APP。

② 根据待测物品的大小，选择测量单位，这里选择"cm"，将待测物品放入测量区，选择测量的起点和终点，即可完成测量，如图 6-69 所示。

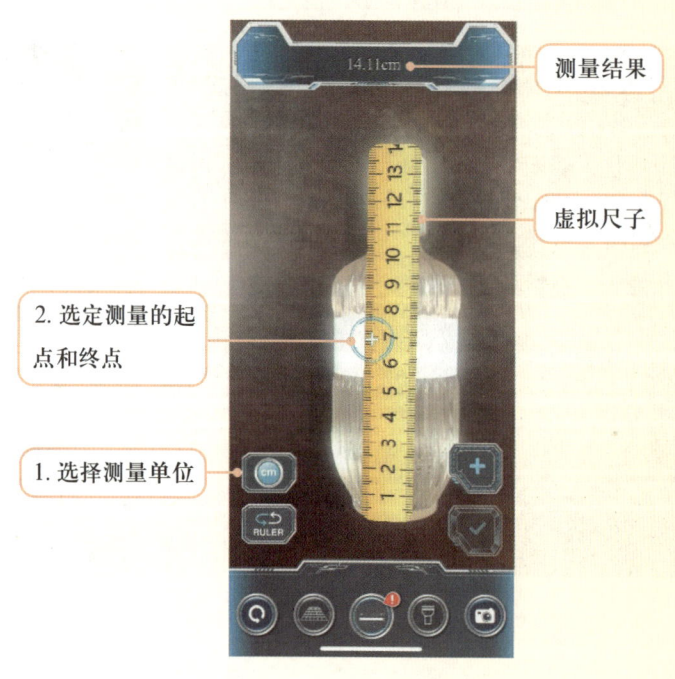

图 6-69　AR 尺子测量

> **巩固提高**
>
> 尝试在自己手机上下载一款增强现实软件并进行体验。

探究与合作

制作虚拟校园

尝试使用虚拟现实场景制作软件，模拟制作校园全景，请远方的朋友欣赏我们美丽的校园风光。

单元小结

本单元主要学习了获取、加工与处理数字媒体素材并集成制作数字媒体作品的操作技能与方法，了解了数字媒体技术基础知识及应用现状，掌握了文件格式转换，图像加工处理，GIF闪图、短视频和演示文稿等数字媒体作品的制作，体验了虚拟现实技术和增强现实技术的应用，培养了综合运用各类数字媒体处理软件进行创意设计和作品制作的能力。

单元测试

在线测评

一、选择题

1. 数字媒体信息不包括（　　）。

    A. 音频、视频　　B. 动画、影像　　C. 声卡、光盘　　D. 文字、图像

2. 下列选项中不属于数字媒体技术特点的是（　　）。

    A. 数字化　　B. 交互性　　C. 艺术性　　D. 单一性

3. 下列选项中不是音频文件后缀名的是（　　）。

    A. .wav　　B. .mid　　C. .mp3　　D. .doc

4. 下列选项中不是图像文件后缀名的是（　　）。

    A. .gif　　B. .bmp　　C. .mid　　D. .tif

5. 下列选项中不属于视频文件后缀名的是（　　）。

   A. .avi   B. .mpg   C. .mp4   D. .bmp

6. 不属于位图图像特点的是（　　）。

   A. 色彩逼真   B. 细节处理到位   C. 占用空间大   D. 放大后不失真

7. 用矢量图描绘图像的特点是（　　）。

   A. 易于处理   B. 占用存储空间小

   C. 适用于表现复杂的场景   D. 方法简单

8. 有关动画的描述不正确的是（　　）。

   A. 动画利用了人眼的视觉暂留特性

   B. 当画面刷新率达到 24 帧 / 秒，人眼看到的是连续的画面效果

   C. GIF 闪图不属于计算机动画

   D. 计算机动画通常分二维动画和三维动画

9. 下列选项中不适合有损压缩的是（　　）。

   A. 语音   B. 程序   C. 图像   D. 视频

10. 下列选项中不属于常用构图方法的是（　　）。

    A. 黄金分割法   B. 平均分配   C. 三分法   D. 均衡法

11. 三原色是指（　　）。

    A. 红、黄、绿   B. 红、橙、蓝   C. 黑、白、灰   D. 红、黄、蓝

12. 下列选项中不属于景别描述的是（　　）。

    A. 特写   B. 远景   C. 近景   D. 蒙太奇

13. 演示文稿的视图模式不包括（　　）。

    A. 普通视图   B. 幻灯片浏览视图   C. 动画窗格   D. 幻灯片放映视图

14. 有关演示文稿的描述正确的是（　　）。

    A. 换片动画是指页面上出现的各种对象的动画效果

    B. 通过超链接和动作按钮都可以实现幻灯片的跳转

    C. 主题和模板是一模一样的

    D. 演示文稿导出的文件必须在安装了演示文稿软件的机器上播放

15. 虚拟现实技术的三大主要特征不包括（　　）。

    A. 沉浸性   B. 交互性   C. 想象性   D. 理想性

二、填空题

1. 数字媒体是指以_____的形式记录、处理、传播、获取过程的信息载体。

2. 计算机图像分为_____和_____两大类。

3. GIF 是一种_____文件。

4. 连续的模拟信号转换为离散的数字信号主要包括信号_____、_____和_____三个过程。

5. 编码时采用的位数越多，则数据量越_____。

三、简答题

1. 常见的图像、音频、视频文件的格式有哪些？

2. 位图与矢量图的优缺点有哪些？

3. 有损压缩和无损压缩各有什么优缺点？

4. 虚拟现实技术和增强现实技术有什么区别？

四、操作题

1. 制作一本班级同学的电子相册，并与同学们分享。

2. 记录班级开展的迎新春活动，完成一段视频编辑并通过网络与同学们分享。

第 7 单元

构筑信息社会"防火墙"
——信息安全基础

随着新一代信息技术的创新突破和融合应用,信息安全已经成为一个既关系国家安全、社会稳定、民族文化传承,又和个人人身和财产安全息息相关的重要问题。

在数据资产成为"金矿"的时代,构建网络和数据安全保障体系,保障网络免受干扰、破坏或者未经授权的访问,防止网络数据泄露或者被窃取、篡改,维护网络空间主权和国家安全、社会公共利益,保护公民、法人和其他组织的合法权益,已经上升为国家战略。

本单元我们将一起学习信息安全的基础知识,认知信息安全面临的威胁,学会判断信息安全风险,了解国家信息安全相关的法律法规和政策;辨别信息系统恶意攻击,掌握常用信息安全防范技术和安全防护措施。

小剧场

同学们正在认真地听高老师讲课，小信气喘吁吁地跑来。

小信说："报告！高老师，我迟到了。"

高老师说："发生什么事了？你向来都是很准时的。"

小信有点不好意思地说："刚才我妈妈打电话说她手机丢了，怕有人冒充她朋友给我打电话。我知道她手机中安装了各种购物和银行 APP，就替她着急，赶紧告诉她必须马上做的几件事，所以……迟到了。"

高老师说："哦？你让你妈妈做了哪些处理？我们一起来学习并看看还有没有遗漏的。"

全班对此展开了热烈讨论。

高老师总结道："信息安全很重要，我们要学会保护自己，同时也要清楚哪些事情是不能做的。"

7.1 了解信息安全常识

数字化、网络化、智能化在经济社会各领域加速渗透，信息技术既为发展带来机遇，也给安全带来了严峻挑战。了解信息安全基础知识和相关法律法规，认识信息安全风险，提高我们的信息安全和隐私保护意识，有利于保障国家、社会和个人的信息安全。

> **学习目标**
> - 了解信息社会信息安全风险及现状；
> - 能够列举信息安全面临的主要威胁；
> - 熟悉信息社会公民应遵守的法律和政策法规；
> - 加强信息安全和隐私保护意识。

任务1 初识信息安全

信息社会中，信息技术已经渗透到我们的生活、学习、工作和交往等各个领域，在线购物、与朋友聊天、在线学习、网络协作办公等活动中都可能存在信息安全隐患。

1. 信息安全

信息安全指保障信息系统的硬件、软件及相关数据，使之不因偶然或者恶意侵犯而遭受破坏、更改及泄露，保证信息系统能够连续、可靠、正常地运行，其实质就是要保护信息系统或信息网络中的信息资源免受各种类型的威胁、干扰和破坏，即保证信息的安全性。

2. 信息安全的基本属性

信息安全的基本属性包括完整性、保密性、可用性、可控性和不可否认性。

（1）完整性

完整性是指信息在存储或传输过程中保证不被篡改、不被破坏、不延迟和不丢失的特性，这是最基本的安全特征。

（2）保密性

保密性是指严密控制各个可能泄密的环节，使信息在产生、传输、处理和存储的各个环节不泄露给非授权的实体或个人。

（3）可用性

可用性是指网络信息可被授权的实体或个人正确访问，并按要求能正常使用或在非正常情况下能恢复使用的特征。

（4）可控性

可控性是指能够对网络系统中传播的信息及其内容进行有效的控制和管理。

（5）不可否认性

不可否认性是指通信双方在信息交互过程中，确信参与者本身，以及参与者所提供信息的真实同一性。

3. 信息安全对个人、企业的影响

信息安全对个人至关重要。一个错误的操作、一次病毒攻击，可能导致宝贵的数据丢失或损毁，使我们的学习或工作成果付之东流；一次信息泄露并被不正当利用，轻则给我们带来困扰，重则带来名誉、财物的损失，扰乱正常的生产生活秩序，损害我们在网络空间的合法权益。

信息安全关系到企业的生存发展。国家法律要求网络服务提供者、网络运营者履行网络安全管理和网络保护的义务；开展数据处理活动，要履行数据安全保护义务。信息资源一旦丢失、损坏或泄露、不能及时送达，都会给企业造成很大的损失。如果是商业机密信息，给企业造成的损失会更大，甚至会影响到企业的生存和发展。

4. 信息安全与国家安全

随着信息技术应用的深化，现有的信息网络安全、数据安全和信息内容安全受到的威胁程度不断增加，国家政治、经济、文化、社会、国防安全及网络空间主权面临严峻风险与挑战。网络渗透危害政治安全，网络诈骗威胁经济安全，网络有害信息侵蚀文化安全，网络恐怖和违法犯罪破坏社会安全，网络空间的安全博弈日益激烈。

保证运行系统安全、系统信息安全和网络社会的整体安全，对中国式现代化建设提供基础性的安全保障，是数字时代国家安全的基石。

讨论与交流

在日常学习、生活中,你或身边的朋友遇到过下面的事情吗?

存有重要资料的 U 盘突然无法读取文件;打开邮件中的不明链接后,计算机出现异常;在一个网站通过手机注册后,接二连三接到各种骚扰电话;一位许久未联系的朋友突然通过 QQ 向你借钱,通话后发现他并没有提出此要求;在公共场合使用了免费的 Wi-Fi 并进行了付款,结果银行卡存款被盗……

除了以上事件,你或身边的朋友还遇到过哪些信息安全事件,给当事人带来了哪些困扰?

实践体验

评估可能影响信息安全的行为

维护网络安全是全社会的共同责任,需要国家、社会、企业和个人的共同参与。作为社会的一分子,每一个公民需要提高自身的信息安全素养,捍卫个人合法的信息权益。

请评估自己可能影响信息安全的行为,讨论如何改进这些行为,并填写表 7-1。

表 7-1 信息安全行为评估表

影响信息安全的行为	自我检查	改进做法
是否尽量将银行卡、手机 APP、网站等密码设置得不一样	□是 □否	
是否尽量设置复杂密码,不用自己的姓名、生日或手机号码	□是 □否	
与别人聊天时,是否注意不透露过多个人信息	□是 □否	
是否谨慎对待朋友通过网络通信软件向你借钱	□是 □否	
是否尽量不连接公共场所来源不明的免费 Wi-Fi	□是 □否	
是否基本不参加扫二维码送礼物等活动	□是 □否	
是否不好奇、不打开邮件或网页中的不明链接	□是 □否	
是否尽量做到只在官方网站下载软件安装程序	□是 □否	
是否定时备份重要的文件或资料	□是 □否	

巩固提高

哪些信息属于个人隐私?日常哪些行为可能泄露个人隐私?

任务2　识别信息系统安全风险

由于系统主体和客体的原因，信息系统本身可能存在不同程度的脆弱性，会因可预见或不可预见的原因而面临自然灾害、系统漏洞和故障、人为因素等各方面带来的威胁。

1. 自然灾害

火灾、水灾、雷电、地震、龙卷风等自然灾害会对信息系统的安全造成威胁，可能引起线路中断、设备失效、数据丢失等安全事件的发生。另外，腐蚀、冰冻、电力供应中断、电信设备故障、电磁辐射、热辐射等环境因素也会导致基本服务中断、信息系统故障甚至瘫痪。

2. 系统漏洞和故障

漏洞是指信息系统中的软件、硬件或通信协议中存在缺陷或不适当的配置，从而可使攻击者在未授权的情况下访问或破坏系统，导致信息系统面临安全风险。常见漏洞有SQL注入漏洞、弱口令漏洞、远程命令执行漏洞、权限绕过漏洞等。

另外，信息系统中硬件的自身故障、软硬件设计缺陷或者软硬件运行环境发生变化等也可能导致信息安全事件。

> **基础系统的安全漏洞不容忽视**
>
> 近年来，操作系统、数据库等安全受到广泛重视，安全防护有所加强。但由于其基础性地位，个别漏洞造成的危害越来越严重，基础系统的安全性问题仍不容忽视。
>
> 特别是近年来出现的Intel"幽灵""熔断"等CPU漏洞，Rowhammer等存储硬件漏洞，均可能被以软件方式利用攻击，危害严重，且修复难度很大，给网络安全带来严峻挑战。

3. 人为因素

人为因素是网络和信息系统安全的最大威胁，可能来自犯罪团伙、黑客、恐怖分子、工业间谍或工作人员等，分为恶意攻击和人为失误。

(1) 恶意攻击

恶意攻击者通过各种方式破坏或攻击信息系统。

① 被动攻击。在不影响正常数据通信的情况下，用搭线监听、侦听电磁泄漏、嗅探、信息收集等手段截获、窃取系统中的信息资源或对业务数据流进行分析。

② 主动攻击。用拒绝服务、信息篡改、资源盗用、伪装、重放等攻击方法，中断、篡改和伪造数据。

图 7-1 为被动攻击和主动攻击示意图。

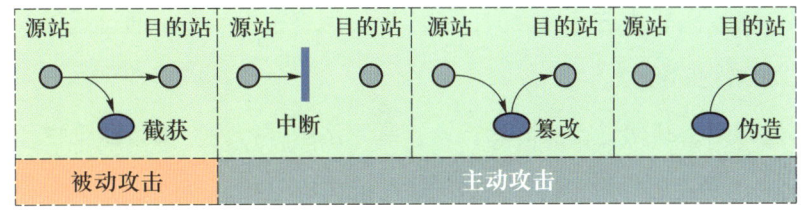

图 7-1　被动攻击和主动攻击示意图

③ 直接破坏网络的物理基础设施。例如，盗割网络通信线缆，盗取或破坏网络设备等。

(2) 人为失误

人为失误会严重影响信息系统安全。如果用户安全意识淡薄，使用默认的用户名和密码或极简单的密码，与他人共享密码，丢失设备或报废设备时未清除信息，打开不安全的网址或邮件附件，使用个人移动设备访问组织的专用网络，使用未经国家信息安全评测机构认可的信息安全产品等，就可能给信息系统安全带来严重威胁。

个人操作不当引发的软硬件问题，也会对信息系统安全产生影响。例如，系统管理员安全配置不当，误删除重要系统文件，没有按照规定要求正确维护信息系统，不正确使用信息系统的相关设备导致其被毁坏等，都会引发安全问题。

讨论与交流

下列案例属于受到哪种威胁？你能列举更多信息安全事件，分析它们受到哪些威胁影响吗？

① 某学校机房在一场暴雨中意外进水，数据中心直接被毁。

② 某网络托管服务商遭受火灾，数以万计的网站受到影响。

③ 某订餐 APP 因 API 端口（用于获取用户详细信息）未受保护，致使用户个人数据泄露。

④ 某银行遭分布式拒绝服务攻击，致使银行系统瘫痪。

 **拓展阅读**

净化网络空间，营造良好网络生态

网络空间是虚拟的，但运用网络空间的主体是现实的，网络空间不是"法外之地"。近年来，国家回应网络空间风险挑战，健全网络法律体系，严格网络执法，严厉打击电信网络诈骗、网络赌博、网络传销、网络谣言、网络暴力等违法犯罪行为，强化网络信息内容生态治理，重点治理违法违规内容呈现乱象，持续塑造和净化了网络生态。我们要能识别并远离以下违法犯罪行为。

① 电信网络诈骗是以非法占有为目的，利用电信网络技术手段，通过远程、非接触等方式，诈骗公私财物的行为。

② 网络赌博是利用互联网进行的博彩行为，是违法犯罪行为，具有欺骗性和危害性。在网上参与赌博也是违法行为，情节严重的还可能构成犯罪。

③ 网络传销是以互联网为平台的新型传销方式，是随着电子商务的推广应用，不法分子利用网络广告形式、网络交易手段、网络联系媒介进行的传销。

④ 网络暴力借助互联网这一载体，对受害者进行谩骂、抨击、侮辱、诽谤等，并对当事人的隐私权、人身安全权及其正常生活造成威胁或某种不良影响的行为。网络暴力能对当事人造成名誉损害，而且已经打破了道德底线，往往也伴随着侵权行为和违法犯罪行为。

⑤ 网络谣言是通过网络媒体（如微博、网络论坛、社交网站、聊天软件等）传播的、没有事实依据、带有不可告人目的的虚假信息，具有突发性和快速性等特点。

 **实践体验**

检查手机权限

你是否留意，当在手机上安装一款应用软件时，会询问是否允许读取通讯录或者获取用户位置。有时一不小心，就全部点了同意。不知不觉间，使用手机的过程中就暴露了通讯录、地理位置，甚至手机使用习惯等信息。下面一起来检查一下自己的手机权限吧！

1. 查看手机权限管理

打开手机中的"权限管理"（有的系统称为"隐私"）界面，查看哪些应用软件有读取电话、位置、通讯录等信息的权限，如图7-2所示。

图 7-2 "权限管理"界面

2. 检查手机权限

根据你的手机真实使用情况，填写手机权限检查表，完成必要性分析，见表 7-2。如非必要，关闭相应软件的有关权限。

表 7-2　手机权限检查表

权限	权限说明	有该权限的应用软件	必要性分析	权限设置
电话信息	授予该权限，应用软件可在用户未执行操作的情况下拨打电话或发送信息		一般没有必要	可设置为"拒绝"或"询问"
			有的时候需要	可设置为"仅在使用中允许"
位置信息	系统定位服务开启时，允许应用软件获取此设备的位置			
通讯录信息	允许应用软件读取手机上存储的联系人的相关数据			

 巩固提高

请列出过度获取权限的手机应用软件，关闭不必要的权限，并与同学们一起交流分享。

7.1　了解信息安全常识　159

任务 3　应对信息安全风险

信息时代，国家、社会和个人的信息安全面临越来越多的挑战，只有关注人、管理和技术三个要素，从法律体系、自律机制、管理标准、组织机构、技术应用等多个层面构建起信息安全保障体系，才能从根本上遏制系统性风险。

1. 自主可控的信息安全核心技术

不能自主掌握核心技术是信息安全的最大隐患。防范信息系统脆弱性，必须有牢固的技术防范措施，首要是发展自主可控、安全可信的核心基础软硬件。"自主可控"包括知识产权自主可控、能力自主可控、发展自主可控等多个层面。近年，我国在高性能计算、移动通信、量子通信等前沿技术领域，以及核心芯片等具有国际竞争力的关键核心技术领域均实现了一系列突破。

2. 个人信息保护

自然人的个人信息受到法律保护。个人信息是以电子或其他方式记录的自然人有关的各种信息，不包括匿名化处理后的信息。自然人的姓名、出生日期、身份证件号码、生物识别信息、住址、电话号码、电子邮箱、健康信息、行踪信息等，均属于个人信息。生物识别、宗教信仰、特定身份、医疗健康、金融账户、行踪轨迹等信息，以及不满十四周岁未成年人的个人信息都属于敏感个人信息，一旦泄露或者非法使用，容易导致自然人的人格尊严受到侵害或者人身、财产安全受到危害。

公民个人树立信息保护意识，掌握防范泄密、窃密的基本技能，可以有效降低信息泄露的风险。保护个人信息，应做到不随意提供、分享、丢弃个人信息，例如，妥善保管包含个人信息的票据，不在街头路边参与泄露个人信息的促销活动，不随意连接来源不明的网络，网购时谨防钓鱼网站，身份证复印件上写明用途，投递简历只提供必要信息，不在互联网上透露个人信息，谨慎在微信中晒照片，更换电子设备前进行技术处理等。

3. 信息安全法律法规

网络技术的快速发展和广泛应用，为人们的社会活动和信息交换提供了数字化平台，创造出网络空间这一新的社会空间。作为信息社会的一分子，我们应当清醒地认识到，不仅在现实生活中要遵守法律法规，在网络空间也要做一个守法公民。网络空间只是现实社会在网络上的延伸与拓展，它绝不是法外之地。网络空间的开放和自由，是以正常秩序为基础的。我们应努力做到以下几点。

① 学习法律法规。要及时了解相关的法律法规，增强守法意识，了解法律规定的权利和义务，维护网络安全、有序。

② 遵守法律法规。要树立信息社会的法律意识，自觉履行法律规定的义务。只有大家牢固树立法治观念和法律意识，才能建设一个健康、有序、和谐的网络空间。

③ 增强维权意识。敢于主张和争取法律赋予的权利，运用法律维护自己和他人的合法权益。例如，在网购时遇到假冒伪劣商品后，要收集有效证据，及时与商家协商，要求商家退货并根据规定赔款，未达成一致，可向网购平台或消费者协会投诉，必要时向法院提出诉讼，以维护自己的合法权益。

讨论与交流

查阅《全国人民代表大会常务委员会关于加强网络信息保护的决定》《中华人民共和国网络安全法》《中华人民共和国电子商务法》《中华人民共和国密码法》《中华人民共和国个人信息保护法》《中华人民共和国数据安全法》《中华人民共和国反电信网络诈骗法》等相关法律法规，讨论下列案件，分析其中的人物触犯了哪些法律法规。

① 2011年5月至2012年12月，被告人李某通过聊天软件联系需要修改中、差评的某购物网站卖家，然后冒用买家身份，骗取客服审核通过后重置账号密码，登录该购物网站内部评价系统，删改买家的中、差评347个，获利9万余元。

② 2015年，叶某编写了一款软件并绑定自己开发的验证码识别平台（即"打码"平台），以撞库方式实现某电商账号、密码批量验证并登录，张某组织多人协助"打码"，谭某利用平台成功获取某电商账号、密码2万余组并售出。

提示

撞库是黑客通过收集互联网已泄露的用户和密码信息，生成对应的字典表，然后尝试批量登录其他网站。

③ 2020年10月，被告人吴某等在社交平台上给未成年被害人发私信，假称被害人中奖，并要求添加聊天软件好友领奖，骗取被害人钱财。被告人邱某等3人为吴某提供银行卡、第三方支付平台账户，帮助收款、转款，并按照诈骗金额分成。至2021年1月期间，吴某等人共计骗取5名未成年被害人的钱财6万余元。

实践体验

手机丢了怎么办

小信妈妈的手机丢了，手机中安装了购物、银行、娱乐、通信等各种应用。下面我们一起来帮助小信妈妈完成应急处理措施，将损失降到最低。

第1步：办理手机停机。

第2步：冻结与网上支付相关的银行卡。

第3步：冻结第三方支付账户，如支付宝、微信支付、京东支付等。

第4步：告知亲友，避免亲友被骗。

第5步：追踪丢失的手机。大多数手机内置了通过卫星导航系统及网络基站定位确定手机确切位置的功能，利用该功能可以追踪到丢失的手机位置。

第6步：报警。手机丢失后应该及时报警。如果手机开启了防盗功能，手机反馈回来的位置及相关信息对于警方立案侦查都有帮助，找回手机的可能性大大增加。

巩固提高

当你发现自己的个人信息泄露，并被人不正当利用时，可以通过哪些途径进行自我保护？

探究与合作

设置手机PIN码

手机丢失后，即便采取了应急措施，也有可能发生二次盗窃。原因是，犯罪团伙中可能有专业人员，他们利用手机运营商、银行、第三方支付平台等机构"弱验证"的相关业务，盗刷银行卡。防范二次盗窃，设置手机PIN码很重要。

PIN码是指SIM卡的个人识别密码。如果启用了PIN码，那么每次开机后就要输入PIN码，可以有效防止别人盗用SIM卡。

请尝试给手机设置PIN码。在手机上一般可通过"设置"→"安全与隐私"选项设置PIN码，不同的系统略有不同。

7.2 防范信息系统恶意攻击

恶意攻击是信息安全面临的最大威胁，必须加强网络安全保障体系和能力建设，综合运用技术和管理手段，建立信息安全保障机制，防范信息系统遭受恶意攻击。

> **学习目标**
> - 认识常见信息系统恶意攻击的形式和特点；
> - 初步掌握信息系统安全保护的常用技术方法；
> - 了解网络安全等级保护和数据安全等相关的信息安全制度和标准；
> - 能够保护个人信息系统和数据安全。

任务1 辨别常见的恶意攻击

随着互联网技术的发展，通过恶意攻击信息系统牟利的犯罪数量大幅增长。针对政府机关、重要行业部门和关键信息基础设施的攻击高发，涉及公民个人信息的大规模数据泄露事件频发。会辨别常见的恶意攻击，才能更好地保护信息安全。

1. 口令攻击

账号和口令（也称"密码"）常用来作为信息系统进行身份验证的一种手段，借助它可以确定合法授权的用户能够访问系统中的哪些资源。如果口令攻击成功，攻击者就能进入目标系统，随心所欲地窃取、破坏和篡改目标系统的信息。口令攻击是黑客最常用的入侵方法之一。图7-3为弱口令扫描攻击网络中的计算机示意图。

多数口令验证的过程是用户在本地输入账号和口令，经传输线路到达远端系统进行验证。攻击者可从用户主机中获取口令，通过网络监听截获用户口令或者通过远端系统破解用户口令。攻击方法有多种，如利用弱口令攻击或撞库攻击，利用暴力破解攻击，利用木马程序或键盘记录程序等。

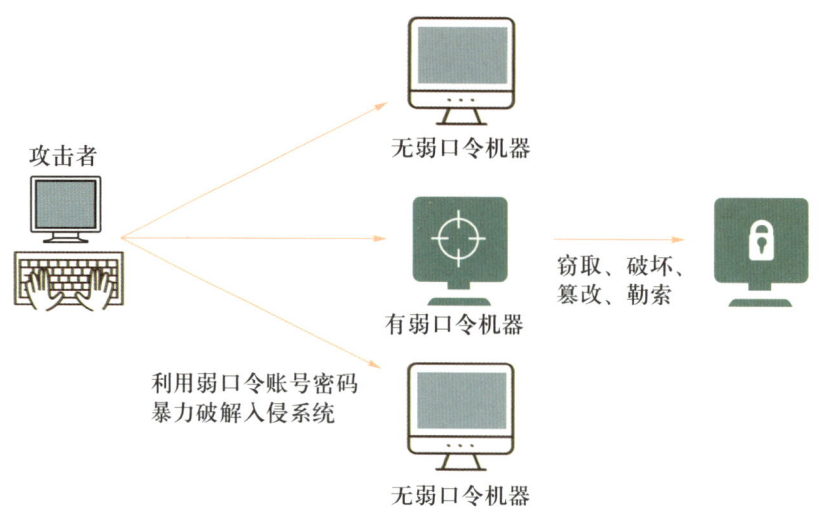

图 7-3　弱口令扫描攻击网络中的计算机示意图

 讨论与交流

小信听说简单的密码很容易被他人猜到或破解，于是在网上注册时将密码设置为"小写字母 + 大写字母 + 数字 + 特殊字符"的方式，但再次登录时却忘记了密码。如何正确设置和使用密码，你有好的建议吗？

2. 恶意代码攻击

恶意代码是指在未经授权的情况下，在信息系统中安装、执行以达到不正当目的的代码。最常见的计算机恶意代码有木马、僵尸程序、蠕虫和病毒等。

木马是以盗取用户个人信息，甚至是远程控制用户计算机为主要目的的恶意代码。按照功能，木马可进一步分为：盗号木马、网银木马、窃密木马、远程控制木马、流量劫持木马、下载者木马和其他木马。随着木马程序编写技术的发展，一个木马程序往往同时包含上述多种功能。

僵尸程序是用于构建大规模攻击平台的恶意代码。按照使用的通信协议，僵尸程序可进一步分为：IRC 僵尸程序、HTTP 僵尸程序、P2P 僵尸程序和其他僵尸程序。

蠕虫是指能自我复制和广泛传播，以占用系统和网络资源为主要目的的恶意代码。2010 年 6 月，伊朗首座核电站遭受震网蠕虫攻击，这是第一个专门定向攻击真实世界中基础（能源）设施的蠕虫。

病毒是通过感染计算机文件进行传播，以破坏或篡改用户数据，影响信息系统正常运行为主要目的的恶意代码。计算机病毒具有传播性、隐蔽性、感染性、潜伏性、可激发性、表现性或破坏性等特征。

随着地下黑客产业链的发展，互联网上出现的一些恶意代码还具有上述分类中多重功能的属性和技术特点，并且在不断发展。

> 移动互联网恶意代码存在的恶意行为包括流氓行为类、恶意扣费类、资费消耗类、信息窃取类、远程控制类、恶意传播类、系统破坏类和诱骗欺诈类等。
>
> 联网智能设备恶意代码及其变种产生的主要危害包括用户信息和设备数据泄露、硬件设备遭控制和破坏、被用于分布式拒绝服务攻击或其他恶意攻击行为等。

3. 拒绝服务攻击

拒绝服务（DoS）攻击是向某一目标信息系统发送密集的攻击包，或执行特定攻击操作，以期致使目标系统停止提供服务。DoS 攻击一般采用一对一方式。随着计算机与网络技术的发展，计算机的处理能力和网络带宽的迅速增长，DoS 攻击的困难程度加大，分布式拒绝服务（DDoS）攻击应运而生，如图 7-4 所示。DDoS 借助客户 / 服务器技术，利用多个计算机（可包括计算机和其他网络资源，如物联网设备）联合起来作为攻击平台，对一个或多个目标发动攻击，从而成倍地提高拒绝服务攻击的威力。DDoS 有主要针对网络带宽的流量攻击和主要针对服务器主机资源的耗尽攻击。

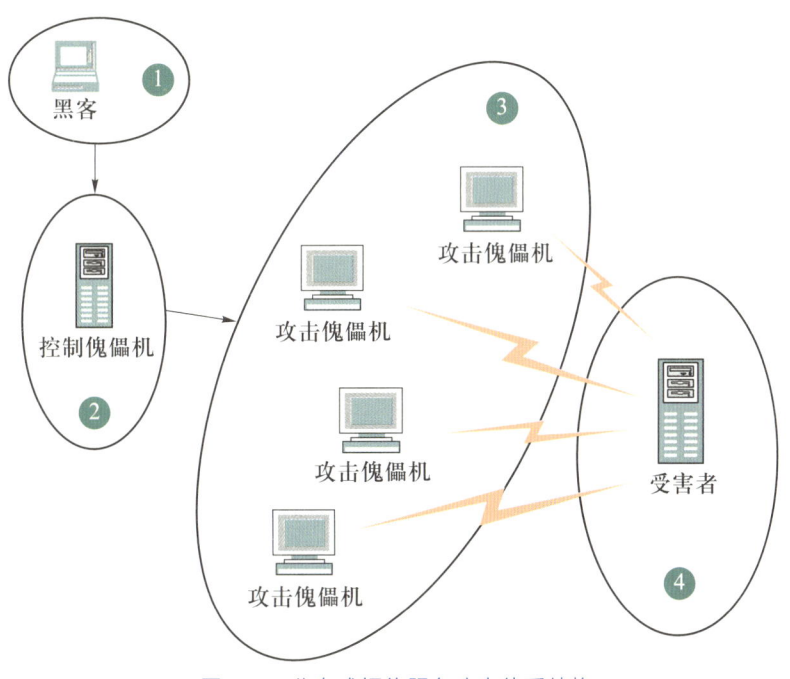

图 7-4　分布式拒绝服务攻击体系结构

7.2　防范信息系统恶意攻击

实践体验

设置不易破解的密码

众所周知,越简单的密码越容易被破解。那么,什么样的密码不容易被破解呢?以下是密码设置的几条建议。

① 长度不少于 8 个字符。例如,"e7#Yxnig""e7#Y"这两个密码相比,显然前者的安全系数远高于后者。

② 混合使用小写字母、大写字母、数字和特殊字符。例如,"coi8Q%yd"的安全系数比单纯使用数字"51086731"或单纯使用字母"coimwayd"高得多。

③ 不使用跟本人相关的字词或日期。例如,姓名、出生日期、手机号、登录名等。

④ 发现可疑情况及时更换密码。当怀疑有可疑人员获取了您的密码,或者当付款账户、电子邮件账户或其他在线账户发现了可疑情况,或者在系统中发现并删除了恶意软件,需立即更改密码、识别码和密码提示问题等。

根据以上建议设置的密码符合密码复杂性要求,不易被破解,这一类密码称为强密码。那么,密码是越复杂越好吗?如果设置的密码虽然别人不易破解,但自己也记不住,就失去了设置密码的意义。因此,设置密码既要复杂,又要便于记忆,可以通过键盘错位、谐音、变形等方法来实现,如图 7-5 所示。

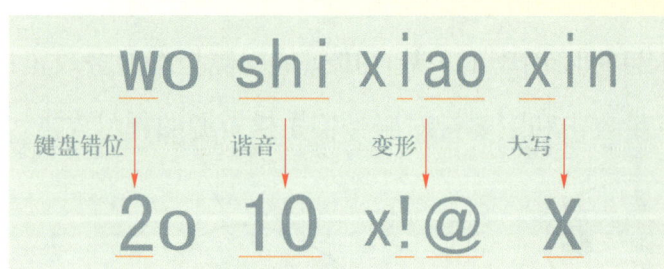

图 7-5 设置密码

请根据以上方法,尝试给自己编写几个既复杂又容易记忆的密码。

 巩固提高

密码要复杂,但又要能记住,每个账户又最好不使用同一个密码,这件事看起来是不是有些难?事实上,密码管理软件可以生成并存储所有的密码,虽然无法保证绝对的安全,但对于普通用户来说,正常使用下被破解的可能性很低。尝试下载并试用一款免费的密码管理软件。

> **拓展阅读**
>
> **不要过度暴露个人信息**
>
> 社交媒体是滋生网络安全隐患的"沃土",在社交网络过度暴露个人信息,可能会毁掉我们的生活。由于社交网站包含大量个人信息,会清晰暴露个人关系网络、记录大量个人行为特征,黑客在社交网站中进行数据挖掘,能够直接获取发布的个人信息,分析个人的关系网络,并通过深度分析,从语言文字和图片中判定性格特征,综合关联分析目标对象的兴趣爱好、个人需求、当前主要矛盾、特长和弱点,提取重要日期、文字、数字等,并判定目标对象可能会使用的安全技术等,从而开展钓鱼攻击。

任务2 掌握常用信息安全技术

防范针对信息系统的恶意攻击,需要熟悉和灵活运用信息安全技术,常用的有身份验证、数据加密和使用防火墙等。

1. 身份验证

身份验证是信息安全的第一道防线,用来防止未授权的用户私自访问系统。身份验证主要有以下几种方式。

① 静态密码验证,以用户名及密码验证,这是最简单、最常用的身份验证方法之一。

② 动态口令验证,包括动态短信密码和动态口令牌(卡)两种方式,口令一次一密,是应用最广的身份验证方式之一。

③ 基于信任物的身份验证,如智能卡、门禁卡、U盾(USBKey)、数字证书等。

④ 基于独一无二的特征,如人脸、指纹、声纹、虹膜、掌纹等生物特征的身份验证。

为了达到更高的身份验证安全性,某些场景会通过组合两种不同方式来验证一个人的身份,称为双因子验证。图7-6为人脸识别、指纹验证组合的身份验证流程示意图。

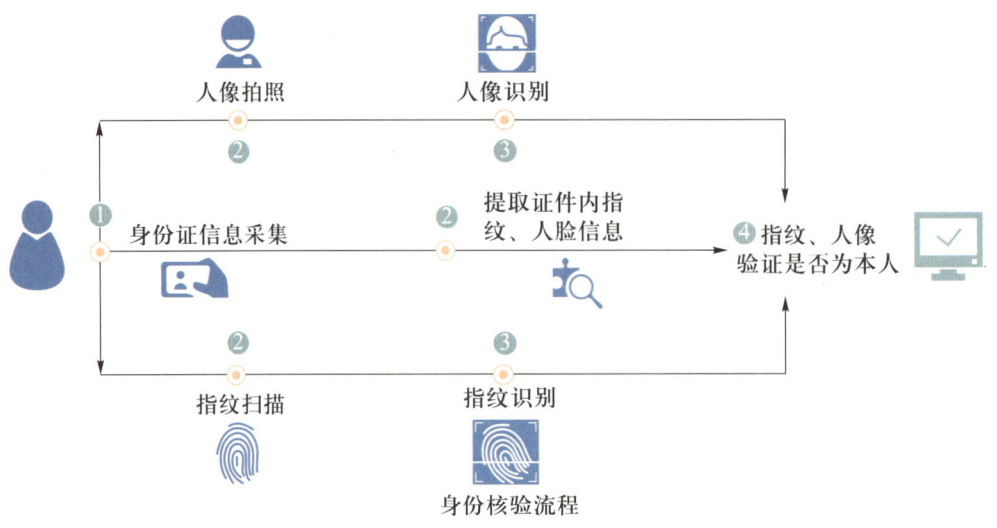

图 7-6　身份验证流程示意图

讨论与交流

下面案例采用了哪种身份验证方式，有什么优缺点，你还能举出更多案例吗？

2017 年，停车无感支付在全国率先上线，此后无感支付快速发展，支付身份验证方式不再是银行卡、密码等传统方式，支付过程无感知，不超过 2s 即可完成支付，实现支付高速化。2019 年，我国铁路电子客票不断推广实施，不再需要提前取纸质车票，通过人脸识别闸机验票后，刷身份证或手机二维码，即可快速验票进站乘车。

2. 数据加密

为防止信息系统中的数据被破坏，可以采用数据加密技术，把被保护的信息转换为密文，然后再存储或传输，从而起到保护信息安全的作用。

数据加密是通过加密算法和加密密钥将明文转换为密文，这是对信息进行保护的一种最可靠的办法。而解密则是通过解密算法和解密密钥将密文恢复为明文。

数据加密的历史由来已久。例如，恺撒密码是一种简单且广为人知的替代密码，其基本原理是明文中的所有字母都在字母表上向后（或向前）按照一个固定数目进行偏移后被替换成密文。

密码在早期仅对文字或数码进行加密和解密，随着技术的发展，对语音、图像、数据等都可实施加密和解密变换。我国将密码分为核心密码、普通密码和商用密码，实行分类管理。当前，大量密码产品应用于国计民生中，如安全芯片、数字证书认证系统、安全电子签章系统等。

信息加密技术主要提供的信息安全服务包括：维持信息机密性；用于鉴别，即在交换敏感信息时能确认对方的真实身份；保持信息完整性；用于抗抵赖。

相较于传统的公开密钥加密，正在走向成熟的量子加密技术在安全性上有显著提高。2016年我国成功发射升空世界首颗量子科学实验卫星"墨子号"，2017年开通中国量子保密通信骨干网络，也是世界首条远距离量子保密通信干线——"京沪干线"，2021年，量子技术首次列入国家密码行业标准，我国量子加密技术目前在世界处于领先水平。

主要加密技术

对数据加密的技术分为两类，即对称加密（私人密钥加密）和非对称加密（公开密钥加密）。对称加密的加密密钥和解密密钥相同，而非对称加密的加密密钥和解密密钥不同，加密密钥可以公开而解密密钥需要保密，如图7-7所示。

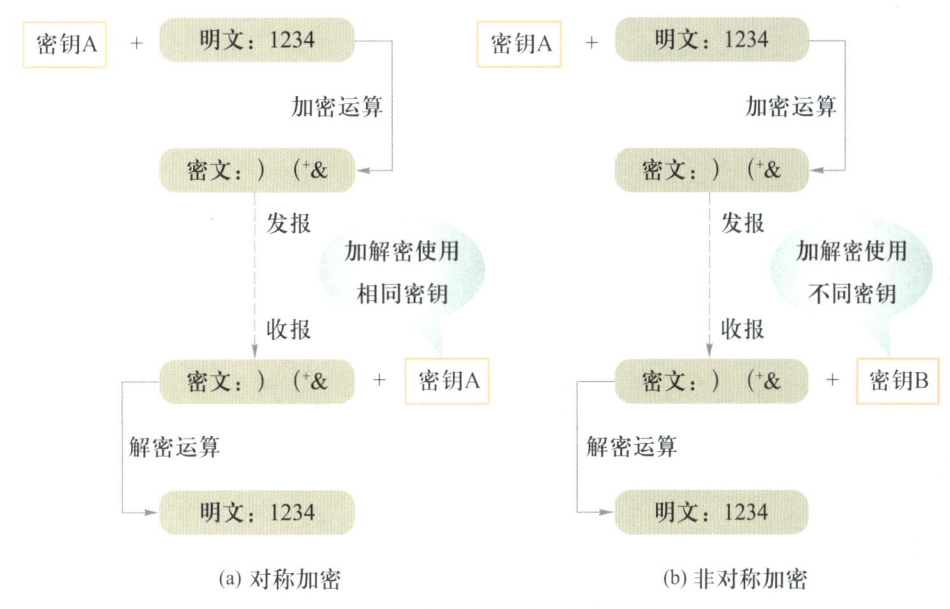

图7-7 对称加密与非对称加密示意图

其他加密技术还有数字指纹、数字签名、数字信封、安全认证协议和数字隐藏技术等。

3. 使用防火墙

防火墙是设置在内部网络与外部网络之间，用于隔离、限制网络互访从而保护内部网络的系统设施。图7-8为防火墙工作示意图。

根据不同的需要，防火墙的功能有较大差异，但一般包括以下三种基本功能：限制未授权的用户进入内部网络,过滤不安全的服务和非法用户;防止入侵者对系统的访问;限制内部用户访问特殊站点。

防火墙可以是专门软件、共享软件或免费软件,也可以是支持软件的任何硬件。企业一般以硬件防火墙为主,家庭和个人一般安装软件防火墙。

国内现在有多款面向家庭和个人的安全软件,集病毒查杀、防火墙、漏洞修复、访问控制等功能于一体,能有效阻拦恶意攻击,大大降低恶意代码攻击带来的威胁。

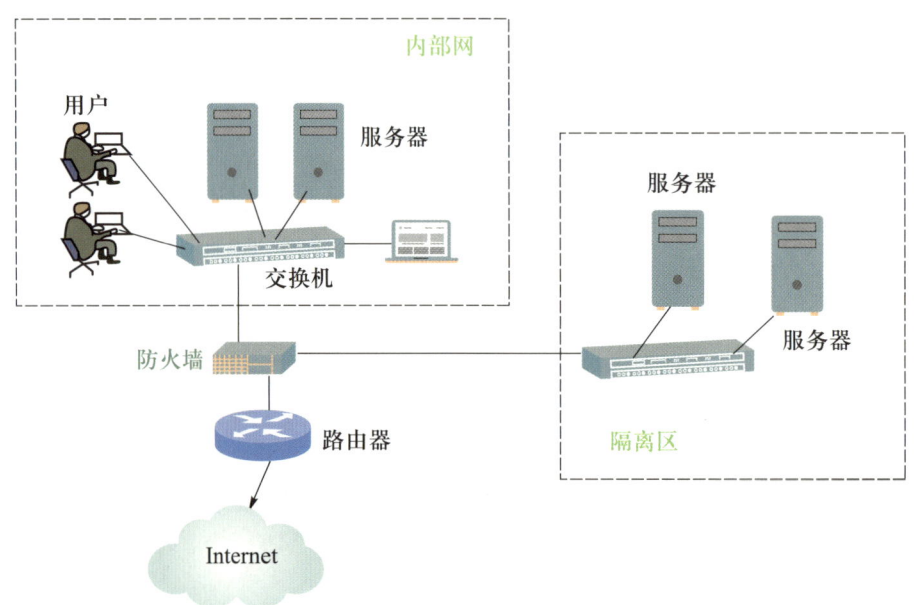

图 7-8　防火墙工作示意图

实践体验

使用系统自带杀毒软件

Windows Defender 是 Windows 10 自带的杀毒软件,可以对系统进行实时监控,能扫描设备上正在运行的程序,以抵御电子邮件、应用程序、云和 Web 上的病毒,以及恶意软件和间谍软件等威胁。

1. 扫描计算机

单击"开始"→"设置"→"Windows 安全中心"按钮,打开"Windows 安全中心"窗口,再单击左侧导航栏中"病毒和威胁防护"选项,可以查看"当前威胁""'病毒和威胁防护'设置""病毒和威胁防护更新""勒索软件防护"等方面的现状。单击"扫描选项",可选择"快速扫描""完全扫描""自定义扫描"等扫描方式,也可以直接单击"快速扫描"按钮,对计算机进行扫描,如图 7-9 所示。

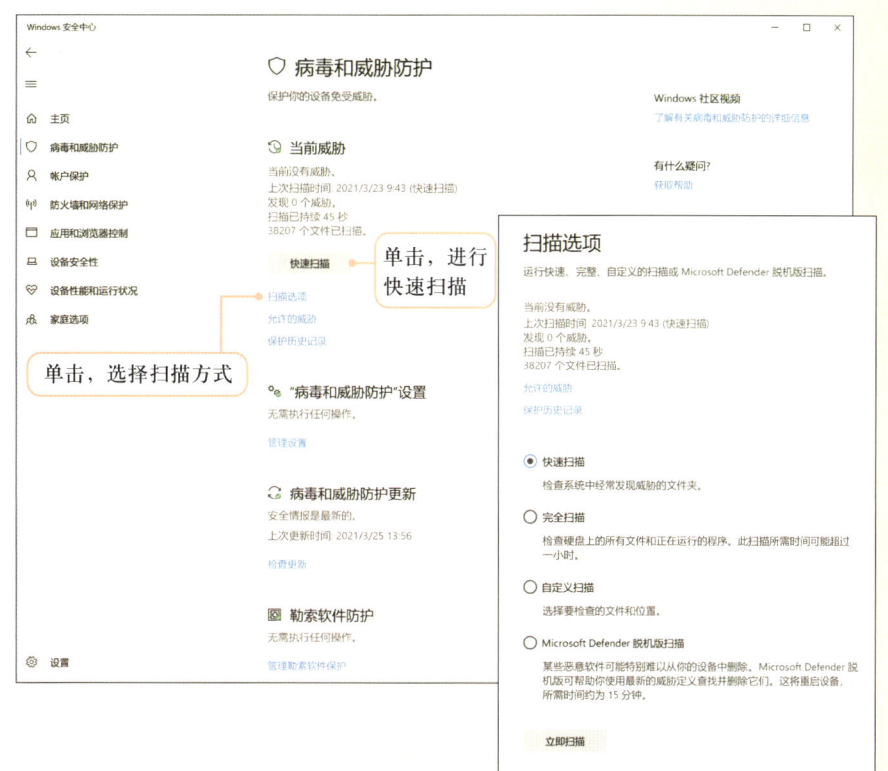

图 7-9　扫描计算机

2. 开启防火墙

在"Windows 安全中心"窗口左侧导航栏中，单击"防火墙和网络保护"选项，查看防火墙开启情况。本例中公用网络防火墙已关闭，可能使计算机面临威胁，单击"打开"按钮，开启防火墙，如图 7-10 所示。

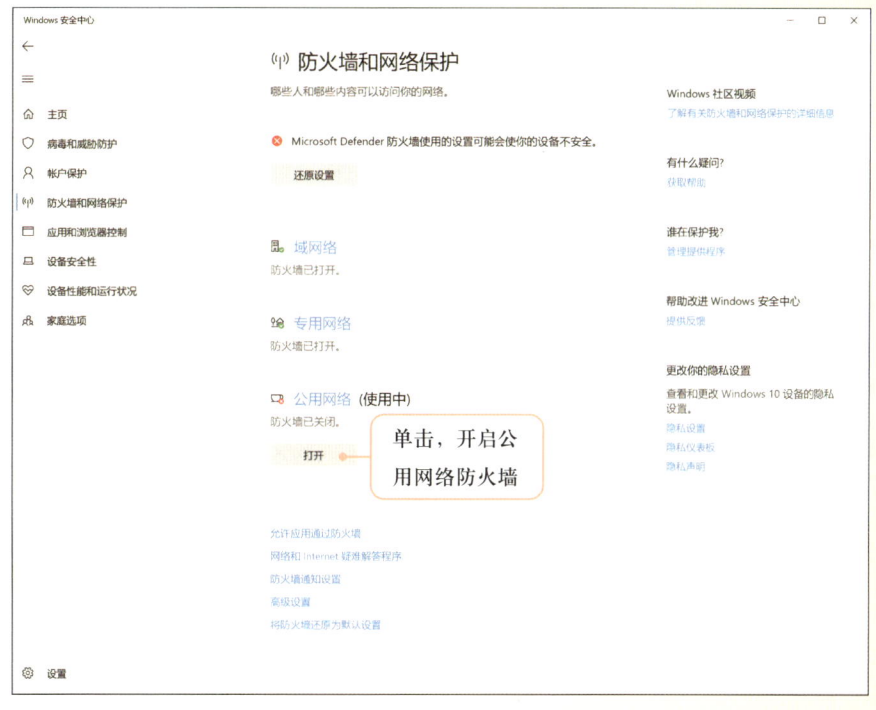

图 7-10　开启防火墙

7.2　防范信息系统恶意攻击

Windows Defender 基于云技术，病毒库高度整合，更新速度快，能够防御和查杀最新的威胁，具有良好的查杀病毒功能。如果不想使用 Windows Defender，也可以将其关闭，安装第三方杀毒软件，如火绒安全软件、360 安全卫士等。

巩固提高

购物时刷脸支付，用手机时刷脸解锁，进小区时刷脸开门……如今，越来越多的场景中可以用人脸识别技术来解决身份验证问题。2020 年警方破获的两起盗用公民个人信息案中，犯罪嫌疑人都是先利用"AI 换脸技术"非法获取公民照片进行一定预处理，再通过"照片活化"软件生成动态视频，骗过了人脸核验机制，实施犯罪。科研人员发现，利用 3D 打印技术可以制作出精度尚可的人脸面具或头套，通过面具或头套进行人脸识别的成功率高达 30%。调查还发现，在某些网络交易平台上，只要花几元钱就能买到上千张人脸照片，人脸信息被滥用、盗用、随意采集，存在安全风险。

查阅资料，列举人脸识别的更多风险，并讨论防范措施。

任务 3　安全使用信息系统

保护信息安全，除了掌握高超的信息安全技术，还需要周全的安全策略、完善的信息安全规范和标准。作为个人，应增强信息安全意识，安全规范地使用信息系统，做好数据备份，避免因人为因素带来的信息安全风险。

1. 网络安全等级保护制度

我国通过制定统一的信息和网络安全等级保护管理规范和技术标准，健全完善以保护国家关键信息基础设施安全为重点的网络安全等级保护制度，组织公民、法人和其他组织对信息系统按重要性分等级实行安全保护。为了保障网络免受干扰、破坏或者未经授权的访问，防止网络数据泄露或者被窃取、篡改，网络安全等级保护制度的保护对象扩大为基础信息网络、工业控制系统、云计算平台、物联网、使用移动互联技术的网络、其他网络及大数据等。

安全保护等级根据受侵害的客体、对客体的侵害程度等级来确定，分为5级。每一等级的安全要求包括安全通用要求、云计算安全扩展要求、移动互联安全扩展要求、物联网安全扩展要求和工业控制系统安全扩展要求。安全通用要求细分为技术要求和管理要求，如图7-11所示。其中，管理要求体现了综合管理的思想，安全管理需要的机构、制度和人员三要素缺一不可，同时还应对系统建设整改过程中和运行维护过程中的重要活动实施控制和管理。对等级较高保护对象需要构建完备的安全管理体系。

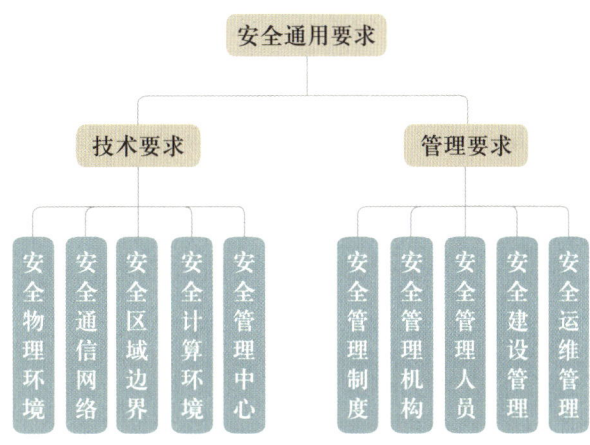

图 7-11　安全通用要求框架结构

国家建立数据分类分级保护制度，根据数据在经济社会发展中的重要程度，以及一旦遭到篡改、破坏、泄露或者非法获取、非法利用，对国家安全、公共利益或者个人、组织合法权益造成的危害程度，对数据实行分类分级保护。

任何组织、个人收集数据，应当采取合法、正当的方式，不得窃取或者以其他非法方式获取数据。

讨论与交流

小信所在的学校要做一个综合服务类网站，需要做网络安全等级保护定级工作吗？网站需要具备什么样的安全计算环境？

2. 安全使用信息设备

计算机和手机是我们学习和日常生活的重要工具，安全、规范地使用才能防止失误带来的信息安全事故，以下是几条建议。

① 选用适合的集病毒查杀、防火墙、漏洞修复、访问控制等功能于一体的安全软件，及时更新，定期查杀。

② 开启操作系统和应用软件的自动更新设置，及时安装补丁程序，修复漏洞和后

门。设置重要的安全策略，关闭不必要的服务，关闭网络发现，安全谨慎地设置计算机共享资源。

③ 从正规商家或官方网站购买或下载软件，不使用盗版软件。不允许安装未知来源的应用程序，不在手机 USB 调试模式下安装应用程序。不随便使用不明来源的移动硬盘、U 盘等存储介质，使用前要查杀木马和病毒。

④ 不随意扫描二维码，警惕"电子密码失效""银行升级"等异常内容的短信，不随意打开异常链接。不随意打开电子邮件中的不明附件，需要打开时先用安全软件查杀恶意代码。

⑤ 及时加密，设置锁屏密码、丢失追踪，给重要应用程序设置应用锁。相册里不存放身份证及银行卡照片。安装手机、平板电脑应用程序时要注意权限说明，非必要时拒绝获取发送和读取短信、读取联系人、监听电话等权限。旧手机、计算机等信息设备报废时要进行格式化、清除用户数据，恢复出厂配置等，必要时用专业软件进行处理。

3. 安全使用网络

未来社会将是万物互联，对网络安全的要求也越来越高。在接入网络时，要注意以下操作。

① 使用无线网络时，尽量选择正规机构提供的、有验证机制的 Wi-Fi。要关闭手机自动接入 Wi-Fi 的功能，慎用蹭网软件，避免接入恶意 Wi-Fi。

② 家庭无线网络要设置无线路由的密码保护，使用 WPA2 方式加密，使用较为复杂的 Wi-Fi 网络接入密码并定期更换。禁用 Wi-Fi 保护设置快速连接功能，及时修改路由器管理界面登录密码，设置防火墙，隐藏服务集标识符（SSID），绑定 MAC 地址。

讨论与交流

如今钓鱼攻击已成为一种常见的网络安全威胁。攻击者的伪装手段变得越发狡诈，攻击频次也在增加，各种新奇的攻击方式层出不穷，主要的攻击形式有邮件钓鱼、短信钓鱼、语音钓鱼、程序伪装等。试想一下，当你忙于整理项目资料时，你收到一封上级领导发来的邮件：某某项目的文档，再私发一份给我；或者你收到一个附带压缩包的邮件，邮件标题正是你想要寻找的资料，你会点开吗？

请检查自己的邮箱，回顾自己收到过的短信、语音电话、各类社交软件的消息，使用计算机时的弹窗，访问过的网站，安装过的程序，有没有受到过钓鱼攻击？这些攻击有什么特点？

在学习、工作和生活中，我们应该如何防范钓鱼攻击？

4. 数据备份

重要的数据价值连城，数据备份与恢复是网络与信息安全的重中之重。提前对系统数据进行备份，可以防范和降低灾难或人为威胁造成的数据损失。

根据需要，对信息系统的备份可分为以下三种策略。

① 完全备份。针对系统中某个时间点的数据，完整地进行备份。

② 增量备份。进行一次完全备份后，每次只对新的或被修改过的数据进行备份。

③ 差量备份。进行一次完全备份后，每次只备份与首次备份发生变化的数据。

在实际应用中，备份策略通常是以上三种方式的结合。例如，周一至周六每天进行一次增量备份或差量备份，每周日进行完全备份，每月底进行一次完全备份，每年底进行一次完全备份。

为了防范大范围的自然灾害，银行等大型金融机构一般采用"两地三中心"容灾备份方案，即同城双中心（主数据中心、同城灾备数据中心）和异地灾备数据中心，以保证企业数据安全和业务连续性，如图7-12所示。

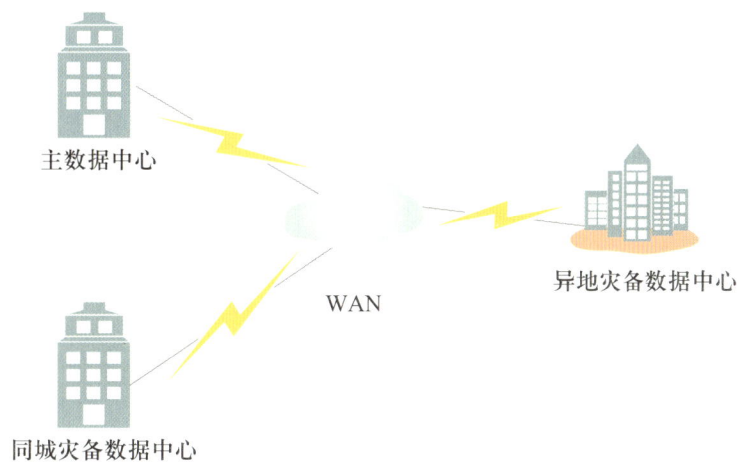

图7-12 "两地三中心"容灾备份示意图

> **实践体验**
>
> **备份个人数据**
>
> 在日常使用计算机过程中，难免会出现因操作失误或系统故障而导致数据丢失的现象。为此，我们要养成备份数据的好习惯，保护数据，免受意外带来的损失。
>
> 简单的备份是将计算机存储设备中的数据复制到其他存储设备中，如移动硬盘或网盘。需要备份的数据一般包括自己编辑或积累的文档、照片、视频、收藏夹等，

其中，收藏夹用于记录个人经常浏览的网站链接，一旦丢失，需要花费较长的时间才能重新找回喜爱的所有网站信息。下面以 Edge 浏览器为例，介绍如何备份收藏夹。

1. 导出收藏夹

打开浏览器，导出收藏夹，默认是以日期命名的 HTML 文件，操作步骤如图 7-13 所示。这就完成了收藏夹备份。

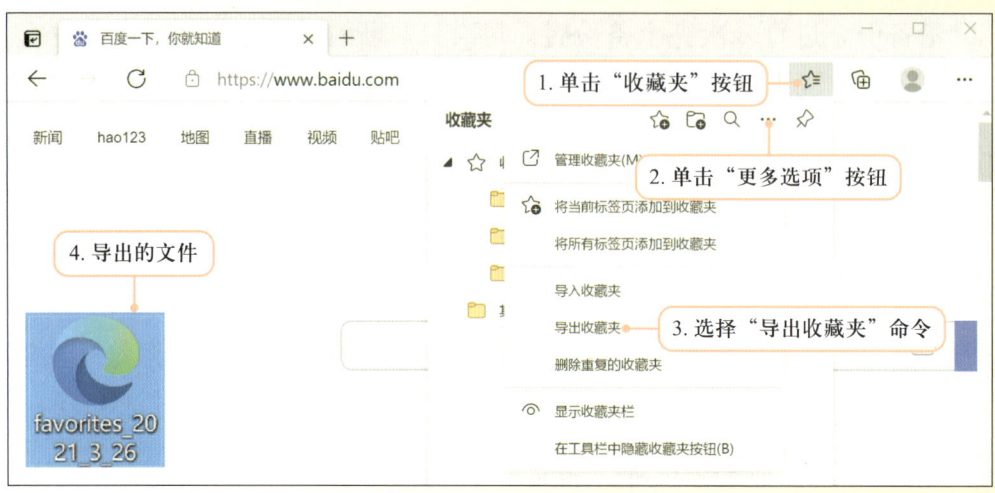

图 7-13　导出收藏夹

2. 导入收藏夹

打开浏览器，导入收藏夹，选择前面导出的 HTML 文件，操作步骤如图 7-14 所示。这就可以将备份的收藏夹导入到新的浏览器中。

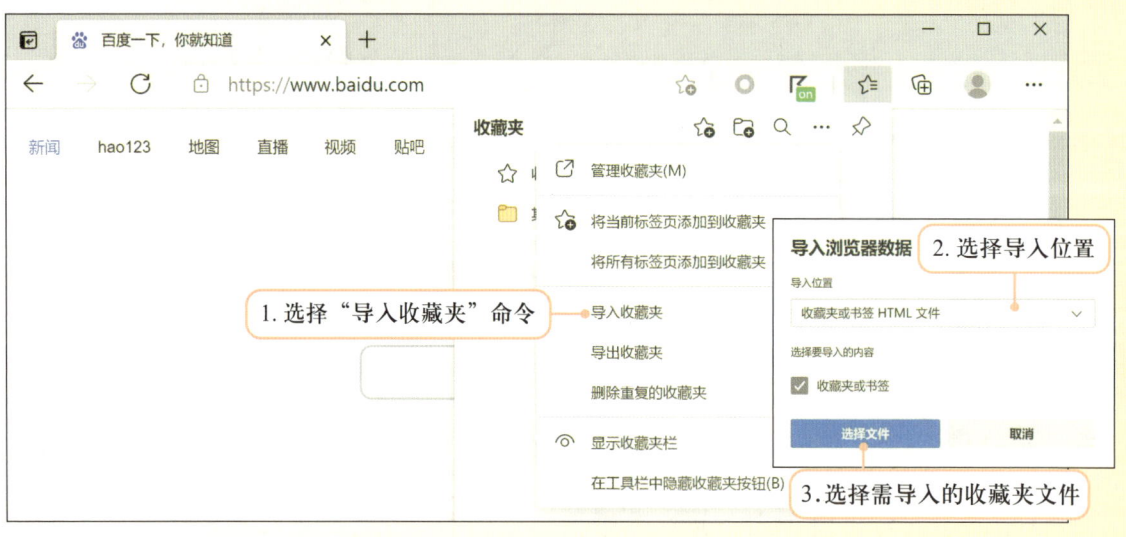

图 7-14　导入收藏夹

巩固提高

手机通讯录是非常重要的信息,应定期备份。可以通过直接导出通讯录存储到硬盘中,或者借用 QQ、云盘等软件进行备份,无论使用哪种方式,都需要特别注意安全性。请选用一种方法备份你的手机通讯录。

探究与合作

使用国产操作系统

由于我国信息技术起步较晚,国内信息技术底层标准、架构、生态等很多采用国外的标准、技术等,由此存在诸多安全风险。因此,我们要逐步建立基于自己的信息技术底层架构和标准,形成自有开放生态,这是信息技术应用创新产业的核心。信息技术应用创新发展是目前的一项国家战略,也是当今形势下国家经济发展的新动能。

查阅相关资料,了解目前计算机、手机、移动终端等数字设备有哪些适用的国产操作系统,它们对现有的硬件、软件适配性如何,如有条件,请尝试使用国产操作系统。

单元小结

本单元主要学习了识别信息安全风险和保护信息安全等基本的操作技能与方法,了解了保障新一代信息安全技术和建立个人信息安全保护机制的基本知识,掌握了辨别和防范常见恶意攻击的技术及建立信息安全保护机制的有关规范,体验了建立个人信息安全保护机制的基本操作,培养了信息安全意识和保护个人信息安全的能力。

单元测试

在线测评

一、选择题

1. 信息安全是指保护信息系统的硬件、软件及相关(   ),使之不因偶然或者恶意侵犯而遭受破坏、更改及泄露，保证信息系统能够连续、可靠、正常地运行。

  A. 信息   B. 资源   C. 资料   D. 数据

2. 以下不属于恶意攻击行为的是（ ）。

  A. 丢弃报废设备   B. 搭线监听   C. 信息篡改   D. 盗割线缆

3. 网络安全保护等级中每一等级的安全要求不包括（ ）。

  A. 云计算安全扩展要求   B. 大数据安全扩展要求

  C. 移动互联安全扩展要求   D. 物联网安全扩展要求

4. 以下不属于常用身份验证方式的是（ ）。

  A. 密码验证   B. 智能卡、门禁卡等信任物验证

  C. 姓名验证   D. 生物特征验证

5. 以下不属于常用信息系统备份策略的是（ ）。

  A. 完全备份   B. 增量备份   C. 移动硬盘备份   D. 差量备份

二、填空题

1. 信息安全的基本属性包括_____、_____、可用性、可控性、不可否认性。

2. _____、系统漏洞和故障、人为因素是信息系统安全面临的主要威胁。

3. 保障信息安全，必须关注_____、_____和技术三个要素。

4. 常见的计算机恶意代码有木马、僵尸程序、_____和_____等。

5. 数据加密技术分_____和_____两类。

三、简答题

1. 如果手机丢了，应采取哪些应急措施？

2. 设置密码时应注意哪些事项？

第 8 单元

未来世界早体验
——人工智能初步

　　随着计算机硬件和大数据应用的快速发展，人工智能正在迅速走进人们的工作与生活。识别车牌进入车库，识别指纹打开家门，识别语音控制家电，识别人脸进行网络银行转账，获取越来越及时、准确的天气预报，享受全天候的机器人饮品站服务……人工智能时代已经到来，它为人们的工作和生活提供了很多的便利。

　　本单元我们将一起了解人工智能和机器人的发展过程和基本应用，了解人工智能的基本原理，体验人工智能在语音控制、图像识别等方面的应用，认识人工智能对我们生活和工作的影响，为适应智慧社会做好准备。

小剧场

中午休息时间,小优宿舍传来阵阵笑声。

"你好小娜,讲个笑话!""天冷了……"

"你好小娜,唱首歌吧!""好一朵美丽的茉莉花……"

"你好小娜,背首古诗吧!""蓬头稚子学垂纶……"

这时,小美闻声走进小优的宿舍。

小美问:"这位多才多艺的小娜是新来的同学吗?"

她左看右看,却没发现小娜的身影。

小美恍然大悟:"啊,原来是计算机中的人工智能助理呀!"

8.1 初识人工智能

提到人工智能，人们总是会联想到一些科幻电影中出现的机器人。其实，影视作品中机器人的外形和能力加入了人类对人工智能的很多想象，和现实有很大的区别。那么，人工智能到底是什么呢？

人工智能（Artificial Intelligence，简称 AI），是一门研究、开发用于模拟、延伸和扩展人的智能的理论、方法、技术及应用系统的新的科学与技术。它是计算机科学的一个分支，融合了计算机科学、统计学、脑神经学和社会科学等多个学科的前沿知识。

> **学习目标**
> - 了解人工智能的发展过程和应用领域，认识其对社会的影响；
> - 了解人工智能的基本原理；
> - 体验人工智能在语音控制、图像识别等方面的应用。

任务1 揭开人工智能面纱

1. 人工智能的诞生与发展

1950 年，计算机科学家艾伦·麦席森·图灵在论文《计算机器与智能》中提出了著名的"图灵测试"。设想是这样的：如果一台机器能够与人类对话而不被辨别出其机器的身份，那么这台机器便具备智能。这个想法很大胆，对人工智能的发展产生了极为深远的影响，图灵也被后人尊称为"人工智能之父"。1956 年，"人工智能"一词在达特茅斯会议上正式提出，标志着人工智能学科的诞生。

在此后的发展历程中，人工智能经历了数次高潮和低谷，从计算智能的符号推理时代，到 1980 年开始的专家系统时代，再到现在依靠数据挖掘的深度学习时代，大致经历了三个阶段，如图 8-1 所示。

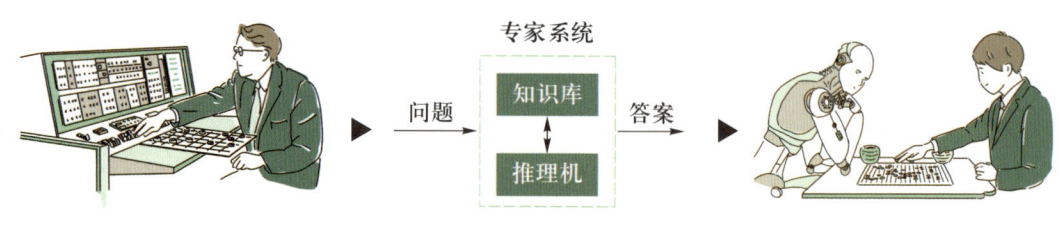

- 第一阶段 符号推理时代
- 弈棋程序，提出多种"智能"搜索算法

- 第二阶段 专家系统时代
- 卡内基·梅隆大学设计了一套专家系统

- 第三阶段 深度学习时代
- 人工智能围棋程序"阿尔法狗"战胜了人类的围棋冠军

图 8-1　人工智能经历的三个阶段

从"深蓝"到"阿尔法狗"

1997 年，"深蓝"（Deep Blue）计算机战胜了国际象棋冠军卡斯帕罗夫。2016 年，"阿尔法狗"（AlphaGo）战胜了围棋冠军李世石。这两场棋类的对弈都是机器在人类的智力游戏中战胜了人类，表面看起来相似，却有着不同的意义。

前者可以理解为使用"暴力穷举"算法，后者是人工智能的深度学习算法。按规则难度来说，围棋的复杂度要比国际象棋的复杂度高出 120 多个数量级。下面简单对比这两种算法。

"深蓝"进行"暴力穷举"，也就是对棋局进行预测，在国际象棋合理的步骤范围内，把棋局的全部可能性优化到一个可计算的范围，依赖计算机强大的计算能力穷尽每一种可能的走法，直到胜利，再退回计算每一种可能获胜的概率，最后使用获胜概率最高的走法，是人工设定的算法。

"阿尔法狗"虽然计算速度比"深蓝"快，但是由于围棋计算的内容要复杂得多，导致它很难胜任"暴力穷举"计算。"阿尔法狗"采用的是一种复杂的机器学习算法，称为深度学习，即让"阿尔法狗"自己学习样本数据的内在规律和表示特征，通过学习过程中获得的信息解释数据，机器能够像人类一样具有分析学习能力，能够识别数据。

如果想进一步了解"阿尔法狗"如何进行深度学习，可在学习后面内容的基础上，查阅更多学习资料。

2. 人工智能的原理

机器学习是人工智能的核心内容，也是人工智能的基本原理。要让计算机具有"智能"，需要让计算机学会学习。机器学习按照学习形式一般可分为有监督学习、无监督学习和半监督学习。

传统的机器学习是有监督学习。有监督学习是给计算机大量带标签的数据，通过各种算法，训练计算机能够识别这些数据，即训练出一个模型，然后用这个训练好的模型完成相关的任务。例如，需要计算机识别狗和猫，先人工给出各种数据，告诉计算机狗和猫的特征。在这里需要人工定义狗和猫的特征，如它们是不是有胡须，它们的耳朵、鼻子、嘴巴是什么样子等。在定义了狗和猫的这些特征后，就认为计算机完成了学习，具有了"智能"，然后让计算机根据定义的特征，自动识别新的对象，判断这些对象是狗还是猫。这种学习方式和人类的认知很接近，观察少数的特征，找到规律，举一反三，推及多数，最后根据总结的规律完成目标任务。

有监督学习需要事先定义各种对象的特征，包含各种对象特征的"专家库"十分复杂。现实生活中，常常会由于缺乏足够的先验知识，难以人工标注特征，而且人工标注特征的成本非常高。为了解决这些问题，就出现了无监督学习。其中，深度学习是一种基于人工神经网络的无监督学习。

无监督学习是计算机能够自动找出数据之间的联系和特征，不再需要人工定义数据之间的规律和特征。仍以计算机识别狗和猫为例。首先，给计算机输入数以千万计的狗和猫的图片；其次，计算机自己提取、汇集这些数据的特征，而不是使用人工定义的特征；最后，模拟人类的大脑，形成全连接的神经网络，表现出计算机的"智能"，计算机自行完成数据规律的学习。由于是海量的数据，无监督学习计算量十分大，需要更快的计算机完成计算。

完成这样的学习需要两个条件：首先，要有大量的数据可供学习，以逐渐调整准确度，因此需要"大数据"的支持；其次，神经网络层数越多，计算越准确，所以需要"云计算"的支持。当计算机完成学习后，就具备了"智能"。

半监督学习介于有监督学习和无监督学习之间。利用小部分的样本提供预测量的真实值，采用小部分带标签的数据和大量没有标签的数据进行机器学习。

 实践体验

模拟图灵测试

借助手机上的语音助手，师生一起玩一个游戏，模拟图灵测试，测试一下手机语音助手的人工智能程度，如图8-2所示。

A、B 两名同学（A 同学携带比较先进的手机），分别位于教室的两端，背对其他同学，模拟处于其他同学看不到的空间内。教师和其他同学提出一系列问题，针对每个问题，A 同学通过手机语音助手获取答案并写在纸上，B 同学直接回答并写在纸上。A 同学和 B 同学都将答案传给老师，老师将问题答案通过投影显示给其他同学，请同学们判断哪个答案是 A 同学（即手机语音助手）回答的，哪个答案是 B 同学回答的。

回答一系列问题后，对判断结果进行统计，看看是否有超过 30% 的测试不能准确分辨出测试对象是人还是机器，判断手机语音助手是否具有人工智能。

图 8-2　模拟图灵测试

任务 2　体验人工智能应用

随着大数据和深度学习等技术的不断进步，人工智能终于走出实验室，来到日常生产和生活中。党的二十大报告指出，"推动战略性新兴产业融合集群发展，构建新一代信息技术、人工智能、生物技术、新能源、新材料、高端装备、绿色环保等一批新的增长引擎"。人工智能成为引领新一轮科技革命和产业变革的核心技术之一。

2022 年，科技部启动支持建设新一代人工智能示范应用场景工作，首批支持建设的 10 个示范应用场景包括：智慧农场、智能港口、智能矿山、智能工厂、智慧家居、智能教育、自动驾驶、智能诊疗、智慧法院、智能供应链。以下是其中几个常见的应用场景。

1. 智慧农场

针对水稻、玉米、小麦、棉花等农作物生产过程，聚焦"耕、种、管、收"等关键作业环节，运用面向群体智能自主无人作业的农业智能化装备等关键技术，构建农田土壤变化自适应感知、农机行为控制、群体实时协作、智慧农场大脑等规模化作业典型场景，实现农业种植和管理集约化、少人化、精准化。智慧农场场景举例如图 8-3 所示。

图 8-3　智慧农场

2. 智能工厂

针对流程制造业、离散制造业工厂中生产调度、参数控制、设备健康管理等关键业务环节，综合运用工厂数字孪生、智能控制、优化决策等技术，在生产过程智能决策、柔性化制造、大型设备能耗优化、设备智能诊断与维护等方面形成具有行业特色、可复制推广的智能工厂解决方案，在化工、钢铁、电力、装备制造等重点行业进行示范应用。智能工厂场景举例如图 8-4 所示。

图 8-4　智能工厂

3. 智慧家居

针对未来家庭生活中家电、饮食、陪护、健康管理等个性化、智能化需求，运用云侧智能决策和主动服务、场景引擎和自适应感知等关键技术，加强主动提醒、智能推荐、健康管理、智慧零操作等综合示范应用，推动实现从单品智能到全屋智能、从被动控制到主动学习、各类智慧产品兼容发展的全屋一体化智控覆盖。智慧家居场景举例如图 8-5 所示。

图 8-5　智慧家居

4. 智能教育

针对青少年教育中"备、教、练、测、管"等关键环节，运用学习认知状态感知、无感知异地授课的智慧学习和智慧教室等关键技术，构建虚实融合与跨平台支撑的智能教育基础环境，重点面向欠发达地区中小学，支持开展智能教育示范应用，提升优质教育资源覆盖面，助力乡村振兴和国家教育数字化战略实施。智能教育场景举例如图 8-6 所示。

图 8-6　智能教育

5. 自动驾驶

针对自动驾驶从特定道路向常规道路进一步拓展需求，运用车端与路端传感器融合的高准确环境感知与超视距信息共享、车路云一体化的协同决策与控制等关键技术，开展交叉路口、环岛、匝道等复杂行车条件下自动驾驶场景示范应用，推动高速公路无人物流、高级别自动驾驶汽车、智能网联公交车、自主代客泊车等场景发展。自动驾驶场景举例如图 8-7 所示。

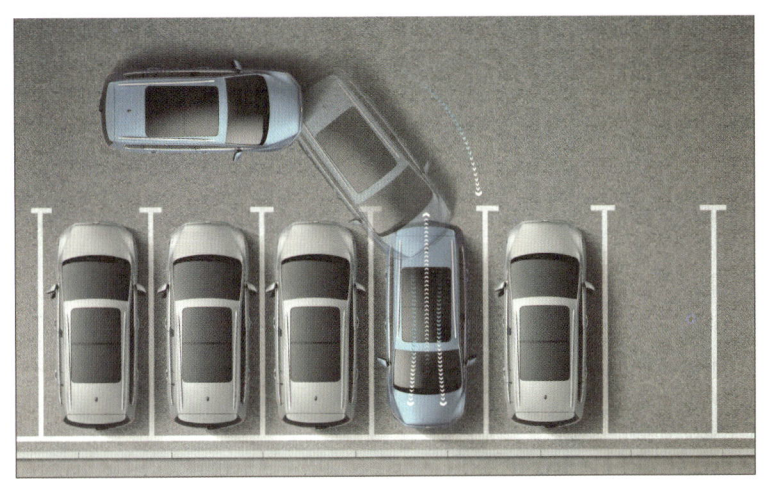

图 8-7　自动驾驶

讨论与交流

查阅我国首批支持建设的其他几个人工智能示范应用场景的内容，并讨论与交流在你身边看到过这些场景吗？

实践体验

使用身边的人工智能软件

1. 语音识别测试

在 Windows 10 操作系统中，可以打开 Cortana 与"小娜"进行对话；或利用智能手机，通过语音控制手机完成相关操作。同学们分组测试 Cortana 和智能手机，比较两者哪个理解自然语言更好、更智能，如图 8-8 所示。

2. 图像识别测试

利用手机拍摄花朵、动物、交通工具或自己感兴趣的物体照片，将照片保存到计算机中。在浏览器中，打开"百度识图"网站，如图 8-9 所示。上传照片，看看"百度识图"是否能够准确识别出照片中的物体，并和同学们分享识别效果。

也可以尝试使用"形色"等手机应用软件进行图像识别，如图 8-10 所示。

8.1　初识人工智能　　187

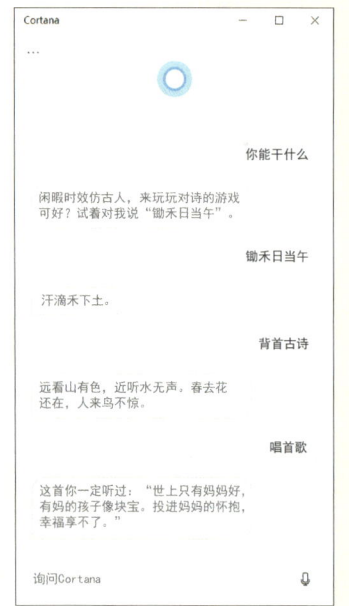

(a) 与 Cortana 对话　　(b) 与智能手机对话

图 8-8　语音识别测试

图 8-9　"百度识图"网站

(a) 识别对象　　(b) 识别结果

图 8-10　"形色"手机应用软件识图

> 探究与合作

1. 拍一张美颜照片

请自拍一张照片并使用"美图秀秀"进行美化，或者直接使用"美颜相机"进行自拍。通过网络查询美颜照片用到了人工智能哪项技术，并与同学们分享你的收获。

2. 利用健身软件坚持锻炼 21 天

你喜欢锻炼身体吗？平时走路、跑步或骑车时，有智能健身软件帮你记录吗？尝试在手机上安装一款智能健身软件，跟着软件程序坚持锻炼 21 天。与同学们讨论哪款健身软件更智能，反馈的内容更符合你的要求。

8.2 探寻机器人

机器人是人工智能的一种应用，它具有一定的人类智能，能感知外部世界的动态变化，并且通过这种感知做出反应，以一定动作行为对外部世界产生作用。它是一种具有独立行为能力的个体，有类人的功能，根据功能可以决定其外貌，可具类人外貌，也可不具类人外貌。从其机器结构角度看，它是一种机械与电子相结合的机器。

> **学习目标**
>
> - 了解机器人的组成与发展；
> - 了解机器人的应用；
> - 理解人工智能带来的机遇与挑战。

任务1 走近机器人

1. 机器人的组成

机器人一般由复杂的机械机构、驱动机构、传感装置和控制系统等组成。复杂的机械机构是机器人的本体，是机器人赖以完成作业任务的执行机构，可以类比人的肌肉和骨骼，支撑机器人完成各种动作。驱动机构是机器人的动力系统，相当于人的血管和心脏，为机器人完成工作提供动力。传感装置是机器人的感测系统，相当于人的眼睛和耳朵，为机器人在相关的环境中完成工作提供检测信息。控制系统是机器人的指挥中枢，相当于人的大脑，负责对机器人完成任务提供指令信息，对内部和外面环境信息进行处理，控制机器人进行各种操作。

空调温度控制、抽油烟机手势感应、烟雾报警器自动检测等日常生活应用中，需要用到哪些传感器？你觉得还有哪些智能设备中有传感器？

漫步太空的"机器人"

玉兔二号月球车于 2019 年 1 月 3 日驶抵月球背面，首次实现人类探测器在月球背面着陆；嫦娥五号探测器于 2020 年 12 月 2 日在月球表面完成自动采样，12 月 17 日返回器携带月球样品成功返回着陆；我国首辆火星车祝融号于 2021 年 5 月 22 日着陆火星表面。这些是中国航天事业发展的一座座里程碑，如图 8-11 所示。

(a) 玉兔二号月球车　　　(b) 嫦娥五号探测器　　　(c) 祝融号火星车

图 8-11　漫步太空的"机器人"

如果这些漫步在太空的"机器人"不具备"智能"，就会寸步难行。由于环境的不可预知性，人类无法使用预先设置好的程序控制它们工作。从控制系统的角度看这些"机器人"，都使用了人工智能技术，能够在太空中进行自主判断和分析，更好地控制其"身体"，完成观察和判断的任务。

2022 年 11 月，梦天实验舱成功与天和核心舱自主快速交会对接时，人工智能也发挥了重要作用。同学们可以查阅更多资料，了解此次航天工程中应用的人工智能技术。

2. 机器人的发展

根据机器人的发展进程，通常把它分为三代。

（1）第一代机器人

第一代机器人是示教再现机器，能够运行程序员事先已经编好的程序，无论外界环境怎样改变，都不会改变动作，如机械臂（图 8-12）。

图 8-12 机械臂

（2）第二代机器人

第二代机器人是带传感器的机器人，能够针对外界环境的改变做出一定的自身调整，如扫地机器人（图 8-13）。

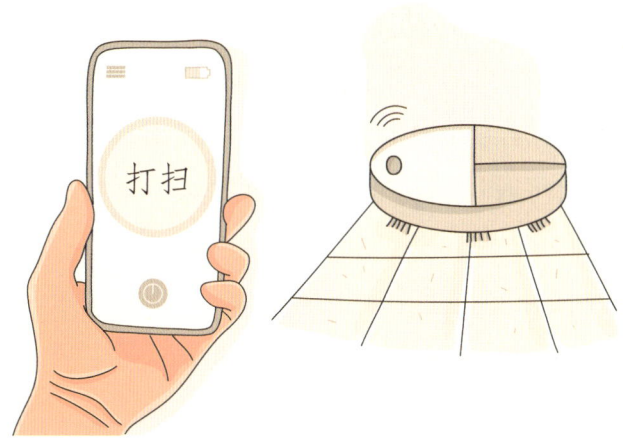

图 8-13 扫地机器人

（3）第三代机器人

第三代机器人是智能机器人，能够利用各种传感器、测量器等来获取环境信息，然后利用智能技术进行识别、理解、推理，最后做出规划决策，是通过自主行动实现预定目标的高级机器人，如机器人服务员（图8-14）。

图 8-14　机器人服务员

> 实践体验

构想一款扫地机器人

扫地机器人是智能家用电器的一种，能凭借一定的人工智能，在房间内自动完成地板清理工作。同学们分成小组，扮演人工智能科学家，构想一款扫地机器人。

1. 从"人工昆虫"到扫地机器人

科学家在研发能自己观察和行动的小车时，起初小车行动异常缓慢，每移动步，要进行大量推理论证，在房间里移动短短 20 米居然需要 6 小时之久。后来，小小的昆虫吸引了科学家的注意。昆虫的脑袋虽然很小，但可以自由自在地飞来飞去，还可以逃生保护自己。科学家以昆虫为模板，造出了"人工昆虫"。它根据传感器的输入，迅速决定做什么，并保持每时每刻都能做出快速决策。这个"人工昆虫"就是扫地机器人的雏形。

请分组描述你印象中的昆虫是如何移动的。

2. 根据昆虫的移动，构想一款"智能"扫地机器人

各个小组可以选择不同的昆虫移动的视频，观察昆虫在一定空间遇到障碍物、觅食等运动的轨迹，构想一款扫地机器人，绘制出扫地机器人的形状，并描述扫地机器人身上应有哪些传感器，以及控制扫地机器人移动的方法。

3. 分享已有扫地机器人的智能程度

如果你家里有扫地机器人，请用视频记录扫地机器人的工作过程，将视频与同学

们分享。注意拍摄视频时，设置一些障碍，看看扫地机器人是否可以清理房间死角、躲避障碍物、自动探索整个房间。

或在网上查阅扫地机器人的各种品牌，选择一款，并陈述选择的理由和这款扫地机器人的智能程度。

任务 2　畅想未来世界

1. 机器人的应用

我国的机器人专家从应用环境出发，将机器人分为两大类，即工业机器人和特种机器人。工业机器人是指面向工业领域的多关节机械手或多自由度机器人，如图 8-15 所示。

(a) 喷涂机器人

(b) 装配机器人

(c) 焊接机器人

(d) 码垛机器人

图 8-15　工业机器人

特种机器人则是除工业机器人之外的、用于非制造业并服务于人类的各种先进机器人，包括服务机器人、娱乐机器人、水下机器人、无人机等，如图 8-16 所示。

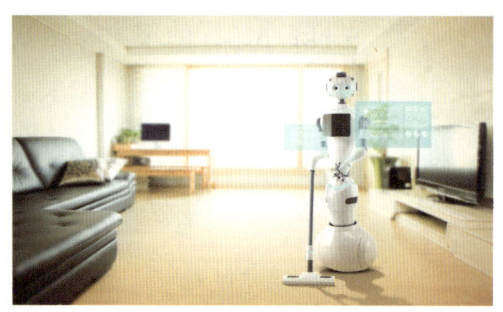
(a) 服务机器人

(b) 娱乐机器人

(c) 水下机器人

(d) 无人机

图 8-16　特种机器人

拓展阅读

体验机器人服务的智能酒店

采用机器人服务的智能酒店没有大堂经理，没有前台，将传统酒店中的许多重复劳动交给了智能机器人。下面我们一起去体验一下机器人服务的智能酒店吧！

进入酒店大堂，一个身高约 1 米的机器人带领入住客人到"自助入住机"进行入住登记，如图 8-17 所示。只需把有效证件放在验证口，机器就开始进行人脸识别。

图 8-17　酒店机器人

办理完入住手续，机器人会帮你拿行李，引导你乘坐电梯，进入电梯间"刷脸"，面部周围显示绿色方框，表明已经登记入住，按下自己所在楼层即可，其他楼层无法按动。

到达房间门口，门上有一个环绕着蓝灯的摄像头。与它对视之后，确认入住身份正确，门就自动打开了。

进入房间，只需命令桌上的智能音箱，就可以控制房间的灯光、窗帘、音响等。当你对它说出想要一瓶水，它会第一时间通知机器人。几分钟后，机器人会出现在你的房间门口。酒店还拥有健身房、酒店餐厅等公共场所，也全部智能化。

退房时，只需在手机上操作，系统就会弹出所有消费金额，确认支付后即可离店。

本次体验中，"未来感"最为直观的是生物识别、智能家居、机器人服务，你感受到了吗？

2. 人工智能带来的机遇与挑战

（1）人工智能的争议

人工智能自其出现开始，就是一个饱受争议的话题，任何一个新事物的出现，都要经历一个被讨论、被接受的过程。

例如，机器人是否有能力像人类一样用感性和理性双重思考？机器人是否应该接管人类生活的方方面面？机器人在使用时真的不会对人类造成任何伤害吗？

这些争议和思考至今仍然存在，目前主要有两种声音。一种声音认为人工智能会给我们带来更加美好的生活、更加便捷的未来。人工智能不过是一次技术革命，就像工业革命一样，会带来很多传统行业的大规模失业，但是伴随而来的，是在新兴领域的更大规模的市场和人才的需求。人工智能会同前几次技术革命一样，让我们的生活更加舒适、便捷。

但另外一种声音认为我们应该警惕人工智能的发展，认为人工智能最终将取代人类。持这种观点的人认为伴随着人工智能的发展，机器人在各个领域都将超过人类，并且机器人会像人类一样拥有自主意识，进而从人类的工具演化为人类的统治者。

当然，除了这两种基本争论之外，人工智能的发展还有其他的一系列问题。例如，拥有自我意识的机器人是否应该享有如同人类公民一样的权利？人类是否能接受机器人和自己一样甚至比自己还要优秀？与人工智能相关的各种各样的问题都需要未来的社会学家和科学家们去讨论，也需要作为未来社会中流砥柱的你们去思考。

（2）机器人三项原则

由于机器人具有某些人的特性，为此，20世纪40年代，科幻作家为机器人制定了三项原则，为机器人的制作与开发划定了三条基本红线。

① 机器人不得伤害人类，或坐视人类受到伤害。

② 机器人必须服从人类的命令，除非这条命令与第一条相矛盾。

③ 机器人必须保护自己，除非这种保护与以上两条相矛盾。

这三项原则直至目前仍为机器人研究者、规划者和开发者所遵守。

 实践体验

畅想今后工作中与你合作的机器人

同学们毕业后，走上工作岗位，逐渐走进人工智能的时代，会出现大量辅助我们工作的机器人。请分成小组，根据对本专业领域的理解，发挥你的想象力，畅想一名今后工作中与你合作的概念机器人。

① 绘制机器人外观图。机器人的外观要符合专业的特点，具有个性特征，并在图上标注出机器人的组成部分。

② 结合本专业领域的特点，描述机器人应具备的能力。

③ 分小组向全班同学展示并介绍小组设计的概念机器人，全班同学投票评选最佳设计方案。

探究与合作

1. 了解本专业机器人的应用现状

在网上检索本专业领域已应用了哪些机器人。如果有条件，可以去实地参观机器人的工作情况，看看机器人如何完成相关工作。如果本地没有这样的条件，从网上检索相关的机器人情况，并制作本专业机器人现状的演示文稿与同学们一起分享。

2. 观看一部与机器人相关的科幻电影

观看一部与机器人相关的科幻电影，讨论当智能机器人拥有情感后会带来哪些问题。

单元小结

本单元主要学习了人工智能的发展和应用，了解了人工智能的基本原理，体验了人工智能在语音控制、图像识别等方面的应用，认识了人工智能对人类社会发展的影响，了解了机器人的组成、发展和基本应用。

单元测试

在线测评

一、选择题

1. 人工智能可以在（　　）领域内应用。（多选）

    A. 制造　　　　　　B. 农业　　　　　　C. 医疗　　　　　　D. 科技

2. 下面应用包含人工智能技术的是（　　）。（多选）

    A. 智能门锁　　　　B. 无人驾驶　　　　C. 在线翻译　　　　D. 人脸识别

3. 人工智能发展的第三阶段是（　　）。

    A. 符号推理时代　　B. 专家系统时代　　C. 深度学习时代　　D. 机器人时代

4. 人工智能的核心内容是（　　）。

    A. 机器学习　　　　B. 计算机　　　　　C. 网络　　　　　　D. 软件

5. 人工智能对社会的发展、人们的生产和生活（　　）。

    A. 没有影响　　　　B. 会有影响　　　　C. 不知道　　　　　D. 不一定有影响

6. 手机拍照后，通过相关 APP 识别照片中的植物，是（　　）应用。

    A. 摄像头　　　　　B. 人工智能　　　　C. 硬件　　　　　　D. 软件

7. 机器学习需要大量的（　　）进行支撑，才能使得计算机具有"智能"。

    A. 内存　　　　　　B. 速度　　　　　　C. 数据　　　　　　D. 硬盘

8. 目前机器人的发展已经进入了（　　）时代。

    A. 机械　　　　　　B. 人工智能　　　　C. 核能　　　　　　D. 科技

9. 扫地机器人能够识别障碍进行规避，首先是因为（　　）设备识别到障碍。

    A. 驱动装置　　　　B. 控制器　　　　　C. 运算器　　　　　D. 传感器

10. 我国的机器人专家从应用环境出发，将机器人分为两大类，即（　　）和特种机器人。

    A. 普通机器人　　　B. 特殊机器人　　　C. 医疗机器人　　　D. 工业机器人

二、填空题

1. 人工智能英文简称为_____。

2. 人工智能融合了_____、_____、脑神经学和社会科学等多个学科前沿知识。

3. 人工智能的发展经历了三个阶段：推理时代、_____、_____。

4. 机器学习按照学习形式可分为监督学习、_____和_____。

5. 人工智能一般需要_____和_____的支持。

6. 机器人可具类人外貌，也可_____。

7. 机器人一般由复杂的机械机构、驱动机构、传感装置和_____等组成。

8. 服务机器人、水下机器人、娱乐机器人都属于_____机器人。

三、简答题

1. 在你的专业领域中，举例说明一种人工智能的应用，对你所在的专业有哪些影响？

2. 用手机上的一款软件，说明人工智能在学习或生活中的应用。

3. 机器人在你所在的专业领域中有哪些应用，如何代替人类完成工作？

郑重声明

高等教育出版社依法对本书享有专有出版权。任何未经许可的复制、销售行为均违反《中华人民共和国著作权法》，其行为人将承担相应的民事责任和行政责任；构成犯罪的，将被依法追究刑事责任。为了维护市场秩序，保护读者的合法权益，避免读者误用盗版书造成不良后果，我社将配合行政执法部门和司法机关对违法犯罪的单位和个人进行严厉打击。社会各界人士如发现上述侵权行为，希望及时举报，我社将奖励举报有功人员。

反盗版举报电话　　（010）58581999　58582371
反盗版举报邮箱　　dd@hep.com.cn
通信地址　北京市西城区德外大街4号　高等教育出版社法律事务部
邮政编码　100120

读者意见反馈

为收集对教材的意见建议，进一步完善教材编写并做好服务工作，读者可将对本教材的意见建议通过如下渠道反馈至我社。

咨询电话　400-810-0598
反馈邮箱　zz_dzyj@pub.hep.cn
通信地址　北京市朝阳区惠新东街4号富盛大厦1座
　　　　　高等教育出版社总编辑办公室
邮政编码　100029

防伪查询说明

用户购书后刮开封底防伪涂层，使用手机微信等软件扫描二维码，会跳转至防伪查询网页，获得所购图书详细信息。

防伪客服电话
（010）58582300

学习卡账号使用说明

一、注册/登录

访问http://abook.hep.com.cn/sve，点击"注册"，在注册页面输入用户名、密码及常用的邮箱进行注册。已注册的用户直接输入用户名和密码登录即可进入"我的课程"页面。

二、课程绑定

点击"我的课程"页面右上方"绑定课程"，在"明码"框中正确输入教材封底防伪标签上的20位数字，点击"确定"完成课程绑定。

三、访问课程

在"正在学习"列表中选择已绑定的课程，点击"进入课程"即可浏览或下载与本书配套的课程资源。刚绑定的课程请在"申请学习"列表中选择相应课程并点击"进入课程"。

如有账号问题，请发邮件至：4a_admin_zz@pub.hep.cn。